钢结构工程关键岗位人员培训丛书

钢结构工程详图设计员必读

魏 群 主编
邓 环 刘福明 郭福全 袁志刚 副主编

中国建筑工业出版社

图书在版编目（CIP）数据

钢结构工程详图设计员必读/魏群主编．—北京：中国建筑工业出版社，2013.5
钢结构工程关键岗位人员培训丛书
ISBN 978-7-112-15288-9

Ⅰ．①钢… Ⅱ．①魏… Ⅲ．①钢结构-结构设计
Ⅳ．①TU391.04

中国版本图书馆 CIP 数据核字（2013）第 059222 号

本书为钢结构工程详图设计员的培训用书及必备参考书，全书全面系统介绍了钢结构工程详图设计员必须掌握的专业基础知识、专业技能、施工中常遇到的问题及其解决方法，特别是对近年来工程实践中广泛应用的新技术、新工艺、新材料、新设备进行了介绍。全书共 9 章，分别是：钢结构工程深化设计概述，钢结构工程深化设计员概述，钢结构材料的选用，钢结构的连接方式及计算，钢结构施工图识读，钢结构构件的连接节点，钢结构的涂装，常用钢结构详图设计软件介绍，钢结构工程详图设计实例参考——某钢结构桥梁结构设计详图。本书内容丰富，浅显实用，概念清晰，通俗易懂，并附有例题、实例和有关图表供参考使用。本书既可作为钢结构工程翻样下料员的培训用书，也可作为钢结构工程项目管理人员、施工技术人员、监理人员及工程质量监督人员的参考用书。

* * *

责任编辑：范业庶
责任设计：张 虹
责任校对：王雪竹 赵 颖

钢结构工程关键岗位人员培训丛书
钢结构工程详图设计员必读
魏 群 主 编
邓 环 刘福明 郭福全 袁志刚 副主编
*
中国建筑工业出版社出版、发行（北京西郊百万庄）
各地新华书店、建筑书店经销
霸州市顺浩图文科技发展有限公司制版
北京圣夫亚美印刷有限公司印刷
*
开本：787×1092 毫米 1/16 印张：8½ 字数：207 千字
2013 年 6 月第一版 2013 年 6 月第一次印刷
定价：**21.00** 元
ISBN 978-7-112-15288-9
（23388）

《钢结构工程关键岗位人员培训丛书》
编写委员会

顾　问：姚　兵　刘洪涛　何　雄

主　编：魏　群

编　委：千战应　孔祥成　尹伟波　尹先敏　王庆卫　王裕彪
邓　环　冯志刚　刘志宏　刘尚蔚　刘　悦　刘福明
孙少楠　孙文怀　孙　凯　孙瑞民　张俊红　李续禄
李新怀　李增良　杨小荟　陈学茂　陈爱玖　陈　铎
陈　震　周国范　周锦安　孟祥敏　郑　强　姚红超
姜　华　秦海琴　袁志刚　贾鸿昌　郭福全　黄立新
靳　彩　魏定军　魏鲁双　魏鲁杰　高阳秋晔
卢　薇　李　玥　靳丽辉　王　静　梁　娜　张汉儒

前　言

钢结构详图是钢结构设计蓝图转化钢结构产品的桥梁，在钢结构工厂化批量生产的今天起着越来越重要的作用。钢结构详图不仅成为几何学的情报，也拥有技术性的情报。钢结构详图设计者首先应遵循钢结构设计蓝图，理解设计意图。其次，钢结构详图设计者还要了解设计规范，掌握其中连接计算和构造要求方面的内容，对常用结构的受力特点、连接节点形式有充分的了解，这样设计出来的连接形式、节点做法才能符合设计模型的计算假定，符合有关规范的要求。不合理的节点构造设计，除了会改变结构的受力特征外，往往还可能引起应力集中，产生过大的残余应力和残余变形，给结构造成很大的安全隐患。据相关统计，由于节点连接不合理造成的事故占钢结构工程事故的比例高达20%。

因此，钢结构详图设计的重要性并不亚于钢结构设计，然而，通过近几年对钢结构设计、施工现状的调查与了解，发现业界对钢结构详图设计的重视程度不容乐观。为了提高对钢结构详图设计的认识，也为了提高钢结构详图设员的技术素质，编者针对钢结构工程详图设计员必须掌握的知识，用通俗的语言，编写了《钢结构工程详图设计员必读》这本书。

本书分为钢结构工程深化设计概述、钢结构工程深化设计员概述、钢结构材料的选用、钢结构的连接方式及计算、钢结构施工图识读、钢结构构件的连接节点、钢结构的涂装、常用钢结构详图设计软件介绍，以及钢结构工程详图设计实例参考9章内容。编写时，力求内容简明扼要，浅显实用，讲清概念，联系实际，深入浅出，便于自学，文字通俗易懂，并附有例题、实例和有关图表，供参考使用。

在本书的编写过程中，参阅了大量的资料和书籍文献，并得到了出版社领导和有关人员的大力支持，在此谨表衷心感谢！由于我们水平有限，加上时间仓促，书中缺点在所难免，恳切希望读者提出宝贵意见。

本书可用作钢结构工程中的详图设计员、项目经理、技术员、基建管理人员培训教材，亦可作为学习参考和自学读物。

目　录

1 钢结构工程深化设计概述

20 世纪 50 年代，我国钢结构设计制图沿用前苏联的编制方法，分为两个阶段，即钢结构设计图和钢结构施工详图两个阶段。此后，有一段时间各行业、系统采用的编制方法也有所不同。为推动钢结构设计的正常发展，很有必要把钢结构设计制图阶段划分明确，以便明确各方责任，使审图者也能掌握统一标准。

根据我国各设计单位和加工制作单位近年来对钢结构设计图编制方法的通用习惯，并考虑其合理性，因此建议把钢结构设计制图分为设计图和施工详图两个阶段。

钢结构设计图应由具有相应设计资质级别的设计单位设计完成。

1.1 钢结构深化设计的必要性及地位

随着钢结构市场的迅速发展，市场需要大量懂设计、了解加工、熟悉安装的专业人才。目前的现状是钢结构兴起的时间短，大专院校中很少设置有钢结构相关专业，各设计院（所）设计人才的紧缺，设计项目众多而设计周期要求短。基于上述种种原因，多数的钢结构项目，设计公司的设计施工图只能达到构件设计和典型节点设计的深度。某些附属钢结构甚至直接注明由厂家配合设计施工，直接将设计交给了施工企业。由此产生的直接后果，就是大量的节点需要深化设计单位进行计算建模制图，再交由设计单位确认。而越来越短的设计施工周期，也意味着这些工作必须有专业的深化公司配合，才能顺利实施。事实上，专业设计深化公司已经在我国大量涌现，施工图纸的深化设计将在较长的时间内成为钢结构设计市场相对独立的重要分支。

1.2 钢结构深化设计的内容、思路和方法

1.2.1 钢结构深化设计的内容

钢结构深化设计的内容包括以下几个方面。

1. 施工全过程仿真分析

施工全过程仿真分析，在大型的桥梁、水电建筑物建设中较早就有应用；随着大型的民用项目日益增多，施工仿真逐渐成为大型复杂项目不可缺少的内容。施工全过程仿真一般包括如下内容：施工各状态下的结构稳定性分析，特殊施工荷载作用下的结构安全性仿真分析，整体吊装模拟验算，大跨结构的预起拱验算，大跨结构的卸载方案仿真研究，焊接结构施工合拢状态仿真，超高层结构的压缩预调分析，特殊结构的施工精度控制分析等。

2. 结构设计优化

在仿真建模分析时，原结构设计的计算模型，与考虑施工全过程的计算模型，虽然最终状态相同，但在施工过程中因为施工支撑或施工温度等原因产生了应力畸变，这些在施

工过程构件和节点中产生的应力，并不会随着结构的几何尺寸恢复到设计状态而消失，通常会部分地保留下来，从而影响到结构在使用期的安全。如果不能通过改变施工顺序或施工方案解决这些影响的问题，则需要对原有设计进行优化调整，保证结构安全。

3. 节点深化

普通钢结构连接节点主要有：柱脚节点、支座节点、梁柱节点、梁梁连接、桁架的弦杆腹杆连接、钢管空间相贯节点，以及张力钢结构中包括拉索连接节点、拉索张拉节点、拉索贯穿节点等，还有空间结构的螺栓球节点、焊接球节点和多构件汇交铸钢节点等。上述各类节点的设计均属施工图的范畴。节点深化的主要内容是指根据施工图的设计原则，对图纸中未指定的节点进行焊缝强度验算、螺栓群验算、现场拼接节点连接计算、节点设计的施工可行性复核和复杂节点空间放样等。

4. 构件安装图

构件安装图用于指导现场安装定位和连接。构件加工图完成后，将每个构件安装到正确的位置，并采用正确的方式进行连接，是安装图的主要任务。一套完整的安装图纸，通常包括构件平面布置图、立面图、剖面图、节点大样图、各层构件节点的编号图等内容，同时还要提供详细的构件信息表，直观表达构件编号、材质、外形尺寸和重量等信息。

5. 构件加工图

构件加工图为工厂的制作图，是工厂加工的依据，也是构件出厂验收的依据。构件加工图可以细分为构件大样图和零件图等部分。

(1) 构件大样图：构件大样图主要表达构件的出厂状态，主要内容为在工厂内进行零件组装和拼装的要求，包括拼接尺寸、附属构件定位、制孔要求、坡口形式和工厂内节点连接方式等。除此之外，通常还应包括表面处理、防腐甚至包装等要求。构件大样图所呈现的构件状态，即为构件运输至现场的成品状态，具有方便现场核对检查的功能。

(2) 零件图：零件图有时也称加工工艺图。图纸表达的是在加工厂不可拆分的构件最小单元，如板件、型钢、管材、节点铸件、机加工件和球节点等。图纸直接由技工阅读并据此下料放样。

随着数控机床和相关控制软件的发展，零件图逐渐被电脑自动放样所替代。目前相贯线切割基本实现了无纸化生产，普通钢结构的生产，国内先进的加工企业已经逐步走向采用电脑自动套材、下料和加工方向发展。

6. 工程量分析

在构件加工图中，材料表容易被忽视，但却是深化详图的重要部分。它包含构件、零件、螺栓编号和与之相应的规格、数量、尺寸、重量和材质的信息，这些信息对正确理解图纸大有帮助，还可以容易得到精确的采购所需信息。通过对这些材料表格进行归纳分类统计，可以迅速制订材料采购计划、安装计划，为项目管理提供很大的便利。

1.2.2 钢结构深化设计的思路和方法

设计深化的最终目标是将施工图转化为安装图、构件图和零件图等加工安装详图。钢结构分为各种不同的体系，各种体系中的构件有不同的特点，加工企业中的专业设备也有不同的要求。下面就经常遇到的结构形式的特点和深化详图的方法作一简单的介绍。

1. 多高层钢结构

多高层钢结构是钢结构工程中最常遇到的结构类型，结构体系以梁、柱、支撑等构件相互以刚接或铰接的方式连接而成。由于这个特点，深化详图的重点是结构布置和连接节点，需要清晰表达构件定位和节点的连接方式。与施工图设计类似，以层为单位表达水平构件（梁、桁架、水平支撑等）和竖向构件（柱、垂直支撑、钢板墙等）是通常的深化思路。以柱的运输或安装分段为单位，将其中包含的水平和竖向构件，划分为相对清晰的工作模块，是比较有效率的组织方式。图纸表达方面，清晰的轴线定位是基础，焊接形式和螺栓连接方式是深化的重点。此外，型钢混凝土等劲性构件还需要额外考虑栓钉、穿筋孔的布置和大量的埋件连接。

2. 门式刚架

门式刚架体系常用于钢结构厂房和仓库等单层工业建筑，结构形式相对简单，刚架梁、刚架柱的设计通常按平面结构进行计算，平面外辅以水平支撑、垂直支撑和系杆等稳定构件。实际的施工过程绝大多数按榀推进安装，深化详图也常常按榀来划分工作范围。如果有梁式吊车或抽跨要求，吊车梁系统和托架系统是门式刚架体系中最复杂的部分，特别是重型吊车的水平制动系统、刚架和托架的连接需要重点关注。除此之外，门式刚架的围护结构往往由彩色钢板组成。因此，深化详图还需要包括檩托、檩条、天沟和门窗等内容。

3. 空间桁架

空间桁架常常用于大面积的屋盖，造型优美、经济节约。早年桁架结构多用于钢结构桥梁、钢廊和钢屋架等工业建筑。近年新兴的会展建筑、体育建筑、剧院和机场建筑大量采用了空间桁架结构。同时因为美观的需要，越来越多的空间桁架采用管桁架、索桁架或弦支杂交结构形式。

4. 空间结构

这里所说的空间结构是指空间网格结构，因为经济节约、工厂化生产和现场组装便捷等特点，自 1968 年首都体育馆第一次采用平板型双向空间网架后，网架技术在国内迅速推广并发展出多种空间结构体系。空间结构中的典型构件为螺栓球、焊接球、钢管杆件和零配件等，目前我国自行开发的设计软件，已经可以做到设计和加工图一体化自动成图。深化设计工作重点在于对建筑外形和结构的关系进行复核，对构件节点和支座等与相邻结构进行碰撞校核，同时螺栓球的工艺孔的定位的等方面也是需要关注的重点。

另外，一些新型的结构（如水立方的多面体空间结构等）也属于空间结构范畴，这些复杂结构的深化，则要从结构的几何构成着手，寻找其中的规律，将复杂的结构尽可能分解为较小、较简单的单元来进行深化。

5. 特殊结构

工业建筑中有很多异形结构，如锅炉管道、气罐、油罐等压力容器和贮仓、海洋平台等专业化很强的构筑物，这些构件往往由专业加工厂生产，因而深化时必须注意先和加工厂配合，了解冲压、旋压设备的基本要求，切忌不作调研而想当然设计。

随着建筑技术的发展，民用建筑也有向非常规化发展的趋势，如著名的奥运工程鸟巢和水立方。这些项目没有相对固定的深化思路，必须就工程特点，与加工安装单位密切配合，且必须具备良好的软件二次开发能力，如 AutoCAD 的 3D 建模技术的运用、弯扭构件的曲面展开、复杂相贯曲线数学模型推算等内容。

2　钢结构工程深化设计员概述

2.1　钢结构工程深化设计员概述

2.1.1　钢结构工程深化设计员的素质要求

钢结构工程深化设计员，主要是指在严格遵循国内外相关钢结构设计、制作和安装规范的前提下，准确、真实地将结构施工图所表达的内容转化为钢结构制造企业更易于接受的车间制造工艺详图的专业技术人员。对于一个建设工程来说，项目深化设计员是设计方与钢结构制造方成果转换的重要人员，其必须具备如下素质：

（1）要有足够的专业知识。深化设计员的工作有很强的专业性和技术性，必须由专业技术人员来承担，要求具有一定的建筑制图或机械制图的专业知识，能读懂相关图纸，同时具备基本的制图能力，熟悉相关的钢结构设计、制作和安装规范和操作过程。

（2）要有很强的工作责任心、耐心。深化设计员负责工程的详图转换工作，要求其必须对工作认真负责，具备相当的耐心，能将每一个复杂构件消化转换到最原始的制作构件，确保工程质量。

（3）要有一定的计算机操作技能。详图员需要熟练掌握 Auto-CAD、X-Steel 等常用设计软件的操作技能，并能通过编制一些应用程序，使复杂工作简单化。

2.1.2　钢结构工程深化设计员的基本工作

钢结构深化设计员负责工程将结构施工图所表达的内容转化为钢结构制造企业更易于接受的车间制造工艺详图的工作，负责指导制作方、安装方关于结构设计的制作工艺和安装方案，保证工程建设满足技术规范，具体如下：

（1）在接到设计院的原始图纸后，分析设计图纸，理解设计理念，消化熟悉设计图，做好详图转化的各项准备工作。

（2）负责参与制作方、安装方和监理方人员组成的技术交底联络会，共同讨论结构设计的制作工艺、安装方案，认真分析安装的可行性以及各种制作焊接工艺的可操作性等关键技术问题。

（3）负责对制作方，安装方进行钢结构加工前的设计交底。

（4）在设计经理的指导下，认真进行详图转换工作，绘制钢结构加工详图及安装图，编制钢结构组件清单及生产构件清单等。

（5）当发现设计图纸不符合或不具备施工条件时，进行实地考察，在施工现场进行修改或重新进行设计。

（6）审核钢结构制作图纸的准确性，对图纸的改进提出合理化建议。

（7）提高构件图纸和零件加工件图纸的准确性。

（8）协助图纸的深化，发现问题及时纠正，保证构件制作的顺利完成。

(9) 配合技术部经理协调处理加工过程遇见的技术问题。

2.2 钢结构工程深化设计标准及规范

2.2.1 《钢结构设计规范》(GB 50017—2003)

《钢结构设计规范》(GB 50017—2003) 由北京钢铁设计研究总院会同有关设计、教学和科研单位组成修订编制小组，对《钢结构设计规范》(GB 17—88) 进行全面修订，由建设部以公告第147号文颁布，自2003年12月1日实施。

本规范共11章和6个附录。主要内容包括总则、术语和符号、基本设计规定、受弯构件的计算、轴心受力构件和拉弯、压弯构件的计算、疲劳计算、连接计算、构造要求、塑性设计、钢管结构、钢与混凝土组合梁。

本次修订在对原规范条文进行修改、调整和删除的同时，新增了许多内容，如荷载和荷载效应计算，单轴对称截面轴压构件考虑绕对称轴弯扭屈曲的计算方法、带有摇摆柱的无支撑纯框架柱和弱支撑框架柱的计算长度确定方法、梁与柱的刚性连接，连接节点处板件的计算、插入式柱脚、埋入式柱脚及外包式柱脚的设计和构造规定，大跨度屋盖结构的设计和构造要求的规定、提高寒冷地区结构抗脆断能力的要求的规定、空间圆管节点强度计算公式等。

2.2.2 《钢结构工程施工质量验收规范》(GB 50205—2001)

为加强建筑工程质量管理，统一钢结构工程施工质量的验收，保证钢结构工程质量，制定本规范。本规范是依据编制《建筑工程施工质量验收统一标准》(GB 50300) 和建筑工程质量验收规范系统标准的宗旨，贯彻"验评分离，强化验收，完善手段，过程控制"十六字改革方针，将原来的《钢结构工程施工及验收规范》(GB 50205—95) 与《钢结构工程质量验收评定规范》(GB 50205—95) 修改合并成新的《钢结构工程施工质量验收规范》，以此统一钢结构工程施工质量的验收方法、程序和指标。

本规范的适用范围含建筑工程中的单层、多层、高层钢结构及钢网架、压型金属板等钢结构工程施工质量验收。组合结构、地下结构中的钢结构可参照本规范进行施工质量验收。对于其他行业标准没有包括的钢结构构筑物，如通廊、照明塔架、管道支架、跨线过桥等也可参照本规范进行施工质量验收。

钢结构工程施工中采用的工程技术文件、承包合同文件对施工质量验收的要求不得低于本规范的规定。

2.2.3 《建筑制图标准》(GB/T 50104—2010)

本标准编制组对《建筑制图标准》(GB/T 50104—2001) 进行了修编。

1. 本标准的修编目的

(1) 与1990年以来发布实施的《技术制图》中相关的国家标准（包括ISO TC/10的相关标准）在技术内容上协调一致。

（2）充分考虑手工制图与计算机制图的各自特点，兼顾二者的需要和新的要求。

（3）对不适合当前使用的或过时的图例、表达方式和制图规则进行了修改、删除或增补，使之更符合实际工作需要。

2. 本规定的基本总则

（1）为了使建筑专业、室内设计专业制图规则，保证制图质量，提高制图效率，做到图面清晰、简明，符合设计、施工、存档的要求，适应工程建设的需要，制定本标准。

（2）本标准适用于下列制图方式绘制的图样：

1）手工制图。

2）计算机制图。

（3）本标准适用于建筑专业和室内设计专业下列的工程制图：

1）新建、改建、扩建工程的各阶段设计图、竣工图。

2）原有建筑物、构筑物等的实测图。

3）通用设计图、标准设计图。

（4）建筑专业、室内设计专业制图，除应遵守本标准外，还应符合《房屋建筑制图统一标准》（GB/T 50001—2010）以及国家现行的有关强制性标准、规范的规定。

2.2.4 《建筑结构制图标准》（GB/T 50105—2010）

本标准编制组对《建筑结构制图标准》（GB/T 50105—2001）进行了修编。

1. 本标准的修编目的

（1）与 1990 年以来发布实施的《技术制图》中相关的国家标准（包括 ISO TC/10 的相关标准）在技术内容上协调一致。

（2）充分考虑手工制图与计算机制图的各自特点，兼顾二者的需要和新的要求。

（3）对不适合当前使用的或过时的图例、表达方式和制图规则进行了修改、删除或增补，使之更符合实际工作需要。

2. 本规定的基本总则

（1）为了统一建筑结构专业制图规则，保证制图质量，提高制图效率，做到图面清晰、简明，符合设计、施工、存档的要求，适应工程建设的需要，特制定本标准。

（2）本标准是建筑结构专业制图的基本规定，适应于工程制图中下列制图方式绘制的图样：

1）手工制图。

2）计算机制图。

（3）本标准适用于建筑结构专业下列工程制图：

1）新建、改建、扩建工程的各阶段设计图、竣工图。

2）原有建筑物、构筑物的实测图。

3）通用设计图、标准设计图。

4）建筑结构专业制图除应符合本标准外，尚应符合《房屋建筑制图统一标准》（GB/T 50001—2010）以及国家现行的有关强制性标准的规定。

2.2.5 《建筑钢结构焊接技术规程》(JGJ 81—2002)

本规程是根据建设部《关于印发一九九八年工程建设国家标准制订、修订计划的通知》的通知，由中国建筑科学研究院会同中国建筑业协会工程建设质量监督分会等有关单位共同编制完成的。

本规定的基本总则：

(1) 制定本规程的目的是为了保证建筑钢结构工程的质量。技术先进是钢结构经济合理、安全适用、确保质量的前提条件。技术规程的制定必须根据结构的种类、重要程度提出适度的质量要求，才能做到既保证安全，又经济合理。

(2) 钢材厚度适用范围在原规程中未规定。修订后规定的厚度下限是依据本规程适用的焊接工艺方法的一般限制而确定的，实际上对轻钢结构尚可适用。

该条明确了本规程适用的结构类型，说明本规程修订后在适用范围上有实质性的变化，填补了原规程在高层框架钢结构、焊接球—管网架结构、管—管桁架结构方面的空缺。近十年来国内建造了许多幢高层、超高层钢结构大厦和网架及桁架式大型体育场、航站楼、会展中心等公共设施。这些结构对焊接技术均有特殊的、严格的要求，由于原规程空缺相关技术内容，多年以来只能采用美国、日本等国的焊接施工规程。经过多年的实践，国内的设计、施工企业已积累了丰富的经验，技术已比较成熟且其水平已与国外先进水平相当，应当并有条件把该类结构的焊接技术及相应质量要求等技术内容纳入规程，以提高本规程的通用性和技术先进性。

本规程的一般构筑物是指与建筑钢结构有关及其他行业标准不包括的各种设备钢构架、工业炉窑罐壳体、照明塔架、通廊、工业管道支架、厂区或城市过街天桥等。

对于不属于上述范围的钢结构，根据设计要求和专门标准的规定补充特殊规定后，仍可适用。

本规程所列的焊接方法包括了目前我国建筑钢结构制作、安装中广泛应用的全部焊接方法，充分反映了我国建筑钢结构的发展和焊接技术的进步。

(3) 焊接过程是钢材的热加工过程，焊接过程中产生的火花、热量、飞溅物等往往是建筑工地火灾事故的起因，而且如果安全措施不当，会对焊工的身体造成伤害。因此，焊接施工必须遵守国家现行安全技术和劳动保护的有关规定。

(4) 本规程是有关建筑钢结构制作和安装工程对焊接技术要求的专业性规程，是对钢结构相关规范的补充和深化。因此，在工程施工焊接中，除应按本规程的规定执行外，尚应符合国家现行有关强制性标准、规范的规定。

2.3 钢结构深化设计员应掌握的基本知识

2.3.1 图纸幅面规格

钢结构工程的图纸幅面规格应按照《房屋建筑制图统一标准》(GB/T 50001—2010)执行。

(1) 图纸幅面及图框尺寸应符合表 2-1 的规定，以方便图纸的管理和装订。

图纸幅面尺寸（mm） **表 2-1**

幅面代号 / 尺寸代号	A0	A1	A2	A3	A4
$b \times l$	841×1189	594×841	420×594	297×420	210×297
c	10				5
a	25				

（2）图纸以短边作为垂直边称为横式，横式使用的图纸按图 2-1 形式布置。图纸以短边作为水平边称为立式，立式使用的图纸应按图 2-2 和图 2-3 形式布置。

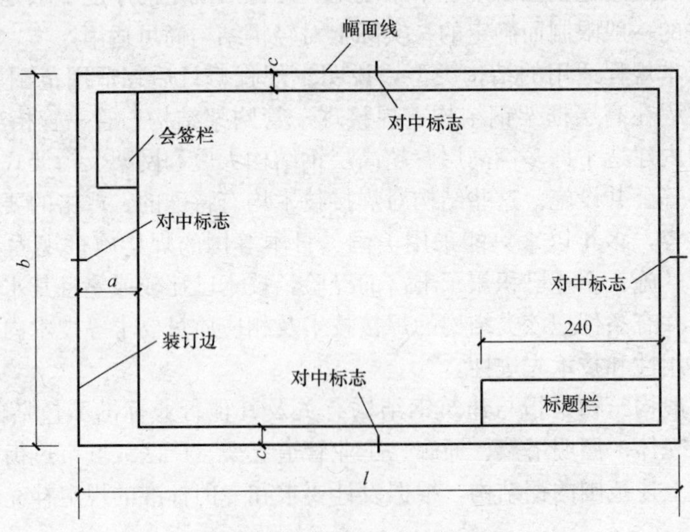

幅面线
c
对中标志
会签栏
对中标志
b
a
对中标志
240
装订边
对中标志
标题栏
c
l

图 2-1　A0～A3 横式幅面

b
装订边
a
c
c
l
200
c
标题栏

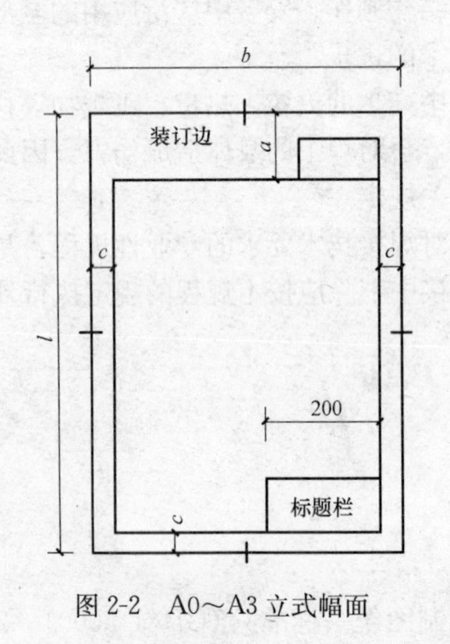

图 2-2　A0～A3 立式幅面

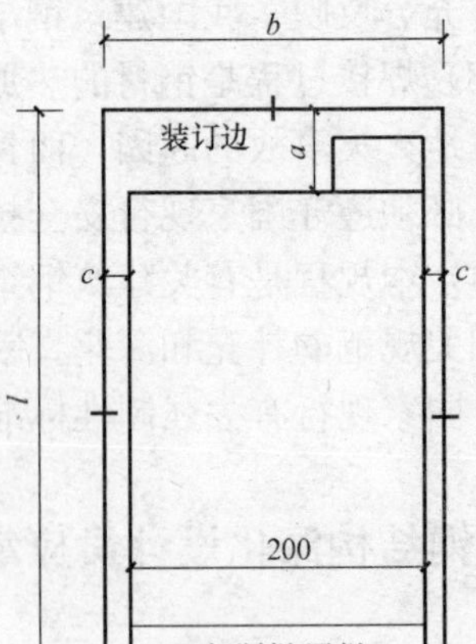

b
装订边
a
c
c
l
200
标题栏(通栏)
c

图 2-3　A4 立式幅面

（3）一个工程设计中，每个专业所用的图纸，一般不宜多于两种幅面，不含目录及表格所采用的 A4 幅面。

（4）标准规定图纸的短边一般不应加长，长边可加长，但应符合表 2-2 的规定。

图纸长边加长尺寸（mm） **表 2-2**

幅面尺寸	长边尺寸	长边加长后尺寸						
A0	1189	1486	1635	1783	1932	2080	2230	2378
A1	841	1051	1261	1471	1682	1892	2102	
A2	594	743 1783	891 1932	1041 2080	1189	1338	1486	1635
A3	420	630	841	1051	1261	1471	1682	1892

（5）需要微缩复制的图纸，其一个边上应附有一段准确米制尺度，四个边上均附有对中标志，米制尺度的总长应为 100mm，分格应为 10mm。对中标志应画在图纸各边长的中点处，线宽应为 0.35mm，伸入框内应为 5mm。

2.3.2 比例

图样的比例，是指图形与实物相对应的线性尺寸之比。例如，1∶50 就是用图上 1m 的长度，表示房屋实际长度 50m。

比例的大小是指比值的大小，如 1∶50 大于 1∶100。比例的符号为“∶”，比例应以阿拉伯数字表示，如 1∶1、1∶2、1∶100 等。

比例宜注写在图名的右侧，字的基准线应取平。

比例的字高宜比图名的字高小一号或二号，如图 2-4 所示。

一般情况下，一个图样应选用一种比例。根据专业制图需要，同一图样可选用两种比例。特殊情况下也可自选比例，这时除应注出绘图比例外，还必须在适当位置绘制出相应的比例尺。

钢结构设计在绘图前必须按比例放样。绘图时根据图样的用途，被绘物体的复杂程度，选择适当比例放大样。常用比例选用表 2-3 中的规定，特殊情况下也可选用可用比例。

平面图 1:100　　⑨ 1:20

图 2-4 比例的注写

绘图所用的比例 **表 2-3**

图　名	常用比例	可用比例
钢结构的平面图、立面图、剖面图	1∶100、1∶200	1∶150
钢结构构件图	1∶50	1∶30、1∶40
钢结构节点详图	1∶10、1∶20	1∶5

当构件的纵、横向断面尺寸相差悬殊时，可在同一详图中的纵、横向选用不同的比例绘制。轴线尺寸与构件尺寸也可选用不同的比例绘制。

2.3.3 图线的规定

任何建筑图样都是用图线绘制成的，因此，熟悉图线的类型及用途，掌握各类图线的画法是钢结构制图最基本的技能。为了使图样清楚、明确，建筑制图采用的图线分为实线、虚线、单点长画线、双点长画线、折断线和波浪线 6 类，其中前 4 类线型按宽度不同又分为粗、中、细三种，后两类线型一般均为细线。

图线宽度 b 分别为 0.35、0.5、0.7、1.0、1.4、2.0mm，每个图样应根据复杂程度与比例大小，确定基本线宽。

钢结构详图应选用表 2-4 所示的图线。

图线 **表 2-4**

名称		线型	线宽	一般用途
实线	粗	————	b	在平面、立面、剖面中用单线表示的实腹构件，如：梁、支撑、檩条、系杆、实腹柱、柱撑等以及图名下的横线、剖切线
	中	————	$0.5b$	结构平面图、详图中杆件（断面）轮廓线
	细	————	$0.25b$	尺寸线、标注引出线、标高符号、索引符号
虚线	粗	— — — — —	b	结构平面中的不可见的单线构件线
	中	— — — — —	$0.5b$	结构平面中的不可见的构件，墙身轮廓线及钢结构轮廓线
	细	— — — — —	$0.25b$	局部放大范围边界线，以及预留预埋不可见的构件轮廓线
单点长画线	粗	—·—	b	平面图中的格构式的梁，如垂直支撑、柱撑、桁架式吊车梁等
	细	—·—	$0.25b$	杆件或构件定位轴线、工作线、对称线、中心线
双点长画线	粗	—··—	b	平面图中的屋架梁（托架）线
	细	—··—	$0.25b$	原有结构轮廓线
折断线		—\/—	$0.25b$	断开界线
波浪线		～～～	$0.25b$	断开界线

2.3.4 字体及计量单位

（1）钢结构图纸上所需书写的文字、数字或符号等，均应笔画清晰，字体端正，排列整齐；标点等符号应清楚正确。长仿宋体字高、宽关系见表 2-5。图纸中常用的为字高为 10、7、5mm 三种。

长仿宋体字高宽关系（mm） **表 2-5**

字高	20	14	10	7	5	3.5
字宽	14	10	7	5	3.5	2.5

（2）汉字的简化字书写，必须符合国务院公布的汉字简化方案和有关规定。

（3）汉字、拉丁字母、阿拉伯数字与罗马数字的书写排列应遵照 GB 50001—2010 规定。表 2-6 为拉丁字母、阿拉伯数字、罗马数字书写规则。

拉丁字母、阿拉伯数字、罗马数字书写规则　　表 2-6

		一般字体	窄字体
字母高	大写字母	h	h
	小写字母(上下均无延伸)	$7/10h$	$10/14h$
小写字母向上或向下延伸部分		$3/10h$	$4/14h$
笔画宽度		$1/10h$	$1/14h$
间　隔	字母间	$2/10h$	$2/14h$
	上下行底线间最小间隔	$14/10h$	$20/14h$
	文字间最小间隔	$6/10h$	$6/14h$

注：1. 小写拉丁字母 a、c、m、n 等上下均无延伸，j 上下均有延伸；

2. 字母的间隔，如需排列紧凑，可按表中字母的最小间隔减少一半。

（4）钢结构的长度计量单位以 mm（毫米）计，标高以 m（米）计。

2.3.5 符号

1. 剖切符号

（1）剖视的剖切符号应符合下列规定：

1）剖视的剖切符号应由剖切位置及投射方向线组成，均应以粗实线绘制。剖切位置线的长度宜为 6～10mm；投射方向线应垂直于剖切位置线，长度应短于剖切位置线，宜为 4～6mm，如图 2-5 所示。绘制时，剖视的剖切符号不应与其他图线接触。

2）剖视剖切符号的编号采用阿拉伯数字或大写英文字母，由左至右、由下至上连续编排，并标注在剖视方向线的端部。

3）需要转折的剖切位置线，应在转角的外侧加注与该符号相同的编号。

（2）断面的剖切符号应符合下列规定：

1）断面的剖切符号应只用剖切位置线表示，并应以粗实线绘制，长度宜为6～10mm。

2）断面剖切符号宜采用阿拉伯数字，按顺序连续编排，并应注写在剖切位置线的一侧，编号所在的一侧应为该断面的剖视方向，如图 2-6 所示。

3）剖面图或断面图，如与被剖切图样不在同一张图内，可在剖切位置线的另一侧注明其所在图纸的编号，也可以在图上集中说明。

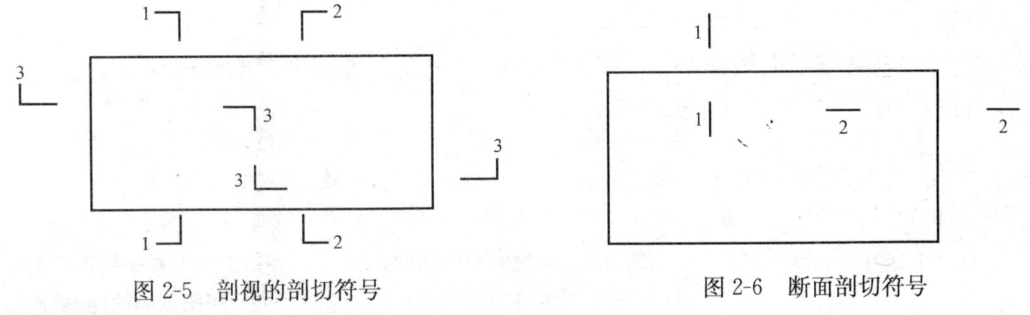

图 2-5　剖视的剖切符号　　　图 2-6　断面剖切符号

2. 索引符号与详图符号

（1）图样中的某一局部或构件，如需另见详图，应以索引符号索引，如图 2-7（*a*）所示。索引符号是由直径为 10mm 的圆和水平直径组成，圆及水平直径均应以细实线绘制。索引符号应按下列规定编写：

1）索引出的详图，如与被索引的详图同在一张图纸内，应在索引符号的上半圆中用阿拉伯数字注明该详图的编号，并在下半圆中间画一段水平细实线，如图 2-7（*b*）所示。

2）若详图不在同一张图纸内，应在索引符号的上半圆中用阿拉伯数字注明该详图的编号，在索引符号的下半圆中用阿拉伯数字注明该详图所在图纸的编号，如图 2-7（*c*）所示。数字较多时，可加文字注明。

3）索引出的详图，如采用标准图，应在索引符号水平直径的延长线上加注该标准图册的编号，如图 2-7（*d*）所示。

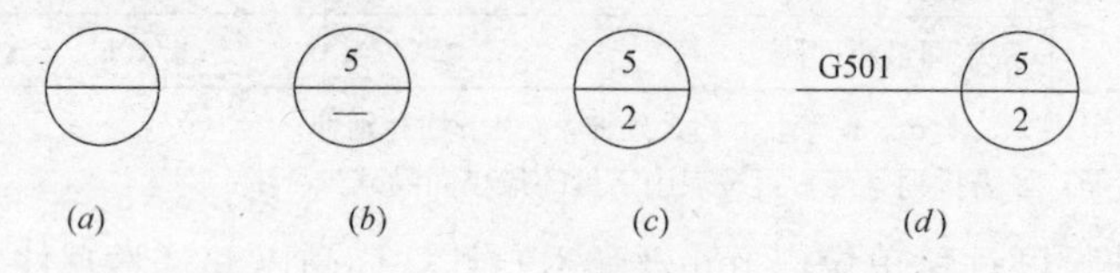

图 2-7　索引符号

（2）索引符号如用于索引剖视详图，应在被剖切的部位绘制剖切位置线，并以引出线引出索引符号，引出线所在的一侧应为投射方向。索引符号的编写第一条的规定详见图 2-8（*a*）、（*b*）、（*c*）、（*d*）。

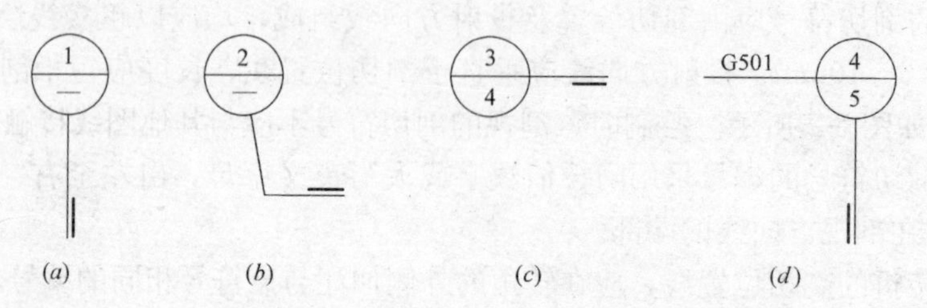

图 2-8　用于索引剖面详图的索引符号

（3）零件的编号以直径为 4～6mm（同一图样应保持一致）的细实线圆表示，其编号应为从上到下，从左到右，先型钢，后钢板，用阿拉伯数字按顺序编写（图 2-9）。

（4）详图的位置和编号，应以详图符号表示。详图符号的圆应以直径为 14mm 粗实线绘制，详图应按下列规定编号：

1）详图与被索引的图样同在一张图纸内时，应在详图符号内注明详图的编号，如图 2-10 所示。

2）详图与被索引的图样不在一张图纸内时，应在上半圆中注明详图编号，在下半圈中注明被索引的图样的编号，如图 2-11 所示。

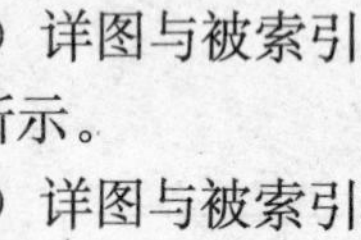

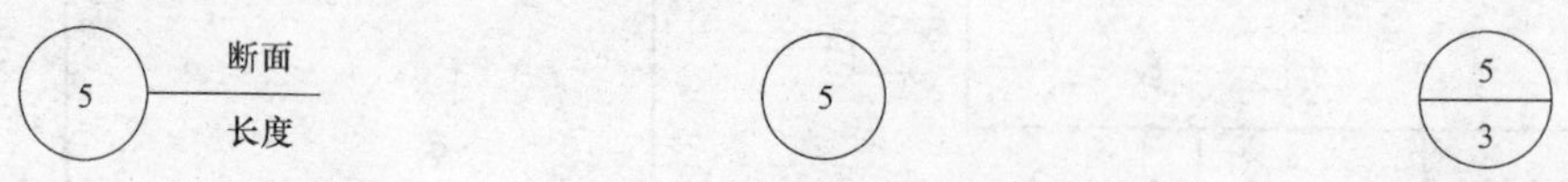

图 2-9　零件的编号

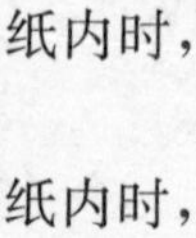

图 2-10　与被索引图样同在一张图纸内的详图符号

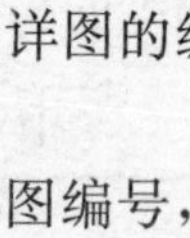

图 2-11　与被索引图样不在同一张图纸内的详图符号

3. 引出线

（1）引出线应以细实线绘制，宜采用水平方向的直线，与水平方向成 30°、45°、60°、90°的直线，或经上述角度再折为水平线。文字说明宜注写在水平线的上方（图 2-12*a*），也可注写在水平线的端部（图 2-12*b*）。索引详图的引出线，与水平直径线相连接（图 2-12*c*）。

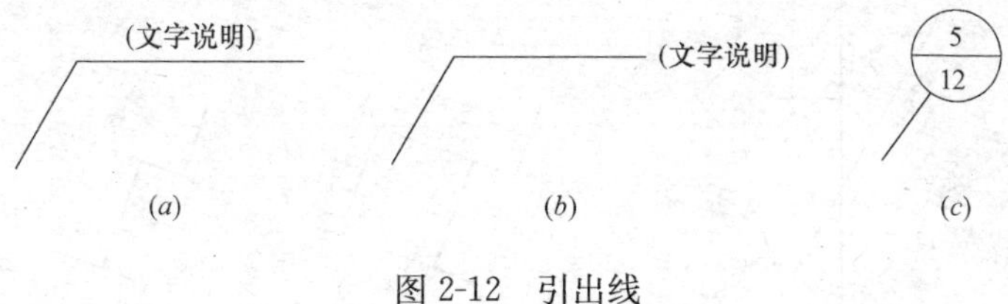

图 2-12　引出线

（2）同时引出几个相同部分的引出线，宜互相平行（图 2-13*a*），也可画成集中于点的放射线（图 2-13*b*）。

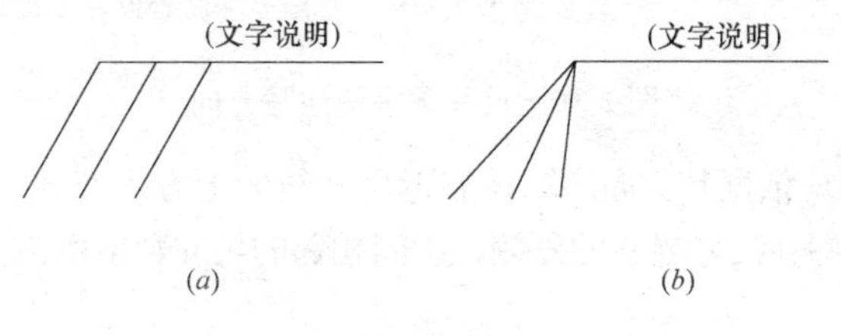

图 2-13　共同引出线

4. 其他符号

（1）对称符号由对称线和两端的两对平行线组成，对称线用细点画线绘制；平行线用细实线绘制，其长度宜为 6～10mm，每对的间距宜为 2～3mm；对称线垂直平分于两对平行线，两端超出平行线宜为 2～3mm（图 2-14）。

（2）连接符号应以折断线表示需连接的部位，两部位相距较远时，折断线两端靠图样一侧应标注大写拉丁字母表示连接编号，两个被连接的图样必须用相同的字母编写（图 2-15）。

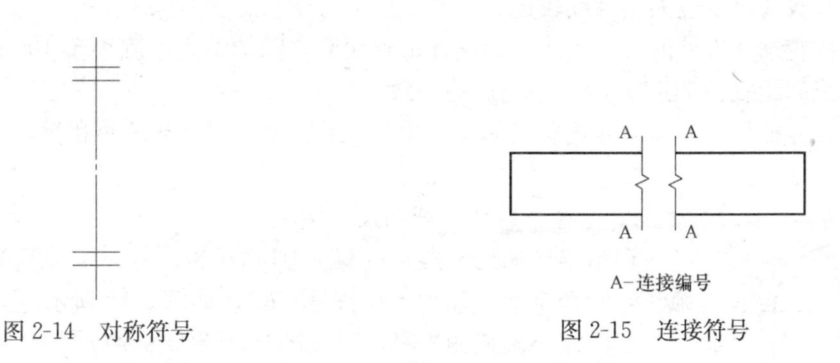

图 2-14　对称符号　　　　图 2-15　连接符号

2.3.6　尺寸标注

1. 尺寸数字

（1）图样上的尺寸，应以尺寸数字为准，不得从图上直接按比例量取。

(2) 图样上的尺寸单位必须以毫米（mm）为单位。

(3) 尺寸数字的方向，应按图 2-16（*a*）的规定注写。若尺寸数字在 30°斜线区内，宜按图 2-16（*b*）的形式注写。

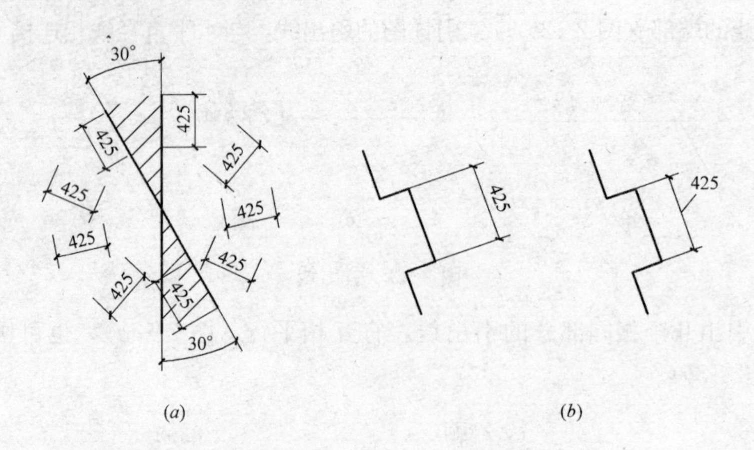

图 2-16　尺寸数字的注写方向

(4) 尺寸数字一般应依据其方向注写在靠近尺寸线的上方中部，如没有足够的注写位置，最外边的尺寸数字可注写在尺寸界线的外侧，中间相邻的尺寸数字可错位注写（图 2-17）。

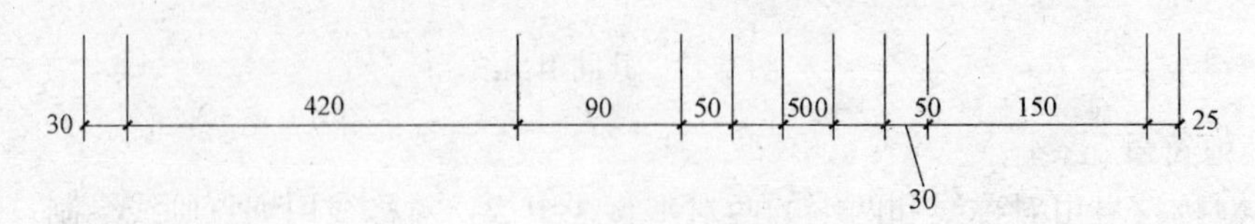

图 2-17　尺寸数字的注写位置

2. 尺寸的排列与布置

(1) 尺寸宜标注在图样轮廓以外，不宜与图线、文字及符号等相交。

(2) 互相平行的尺寸线，应从被注写的图样轮廓线由近向远整齐排列，较小尺寸应离轮廓线较近，较大尺寸应离轮廓线较远。

(3) 图样轮廓线以外的尺寸界线，距图样最外轮廓之间的距离不宜小于 10mm，平行排列的尺寸线间距宜为 7～10mm，并应保持一致。

(4) 总尺寸的尺寸界线应靠近所指部位，中间的分尺寸的尺寸界线可稍短，但其长度应相等。

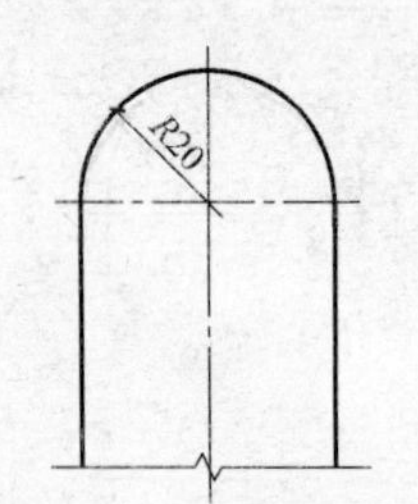

图 2-18　半径标注方法

3. 半径、直径、球的尺寸标注

(1) 半径的尺寸线应一端从圆心开始，另一端画箭头指向圆弧。半径数字前应加注半径符号“*R*”，如图 2-18 所示。

(2) 较小圆弧的半径，可按图 2-19 形式标注。

(3) 较大圆弧的半径，可按图 2-20 形式标注。

(4) 标注圆的直径尺寸时，直径数字前应加直径符号“*Φ*”。在圆内标注的尺寸线应通过圆心，两端画箭头指至圆弧，如图 2-21所示。

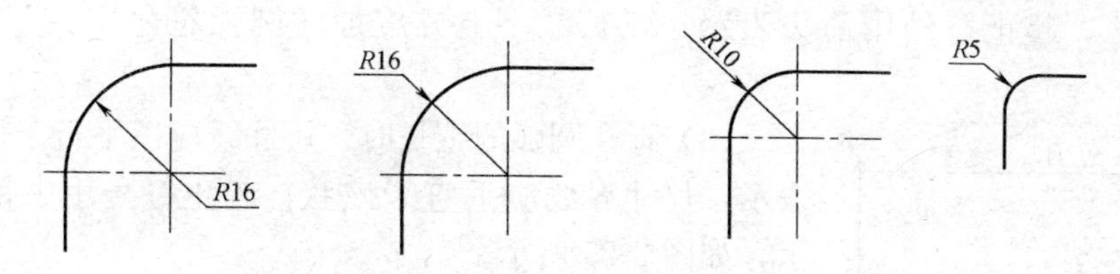

图 2-19　小圆弧半径的标注方法

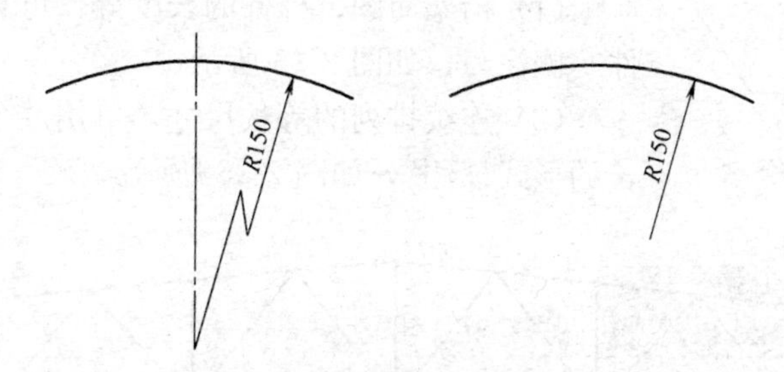

图 2-20　大圆弧半径的标注方法

（5）较小圆的直径尺寸，可标注在圆外，如图 2-22 所示。

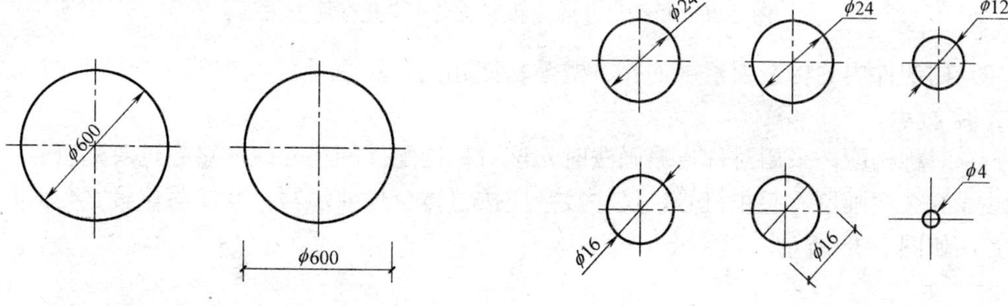

图 2-21　圆直径的标注方法

图 2-22　小圆直径的标注方法

（6）标注球的半径尺寸时，应在尺寸前加注符号“*SR*”。标注球的直径尺寸时，应在尺寸数字前加注符号“*SΦ*”。注写方法与圆弧半径和圆直径的尺寸标注方。

4. 角度、弧度、弧长的标注

（1）角度的尺寸线应以圆弧表示，该圆弧的圆心应是该角的顶点，角的两条边为尺寸界线，起止符号应以箭头表示，如没有足够位置画箭头，可用圆点代替，角度数字应按水平方向注写，如图 2-23 所示。

（2）标注圆弧的弧长时，尺寸线应以与该圆弧同心的圆弧线表示，尺寸界线应垂直于

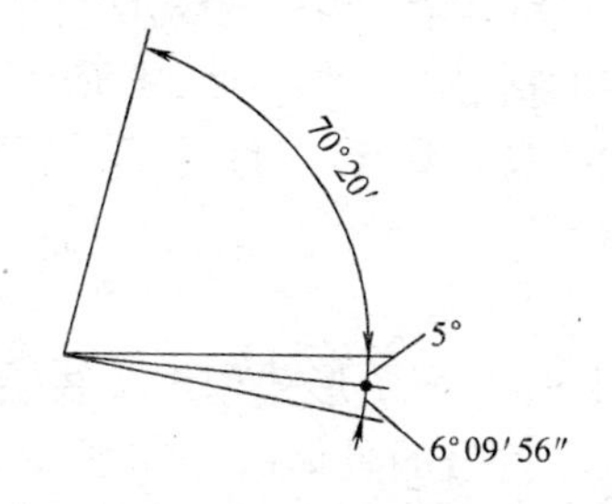

图 2-23　角度标注方法

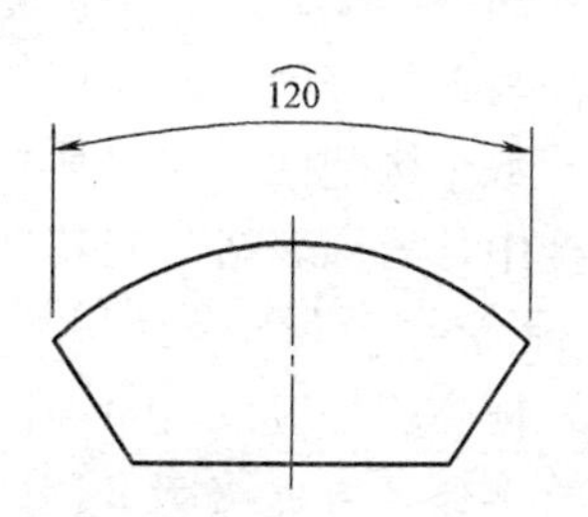

图 2-24　弧长标注方法（一）

该圆弧的弦，起止符号用箭头表示，弧长数字上方应加注圆弧符号“⌒”，如图 2-24 所示。

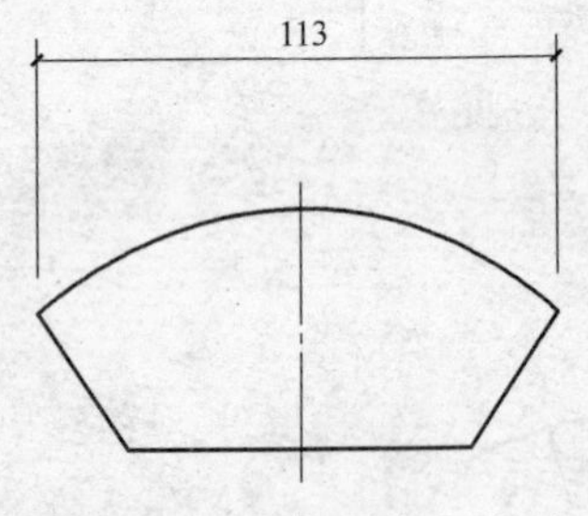

图 2-25 弧长标注方法（二）

（3）标注圆弧的弦长时，尺寸线应以平行于该弦的直线表示，尺寸界线应垂直于该弦，起止符号用中粗斜短线表示，如图 2-25 所示。

5. 尺寸的简化标注

（1）桁架简图、杆件的长度等，可直接将尺寸数字沿杆件一侧注写，如图 2-26 所示。

（2）连续排列的等长尺寸，可用“个数×等长尺寸=总长的形式标注”，如图 2-26 所示。

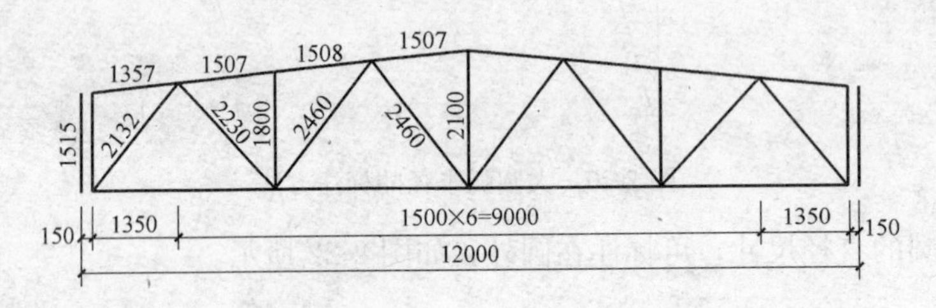

图 2-26 单线尺寸标注和等长尺寸简化标注方法

（3）构配件内的构造因素（如孔、槽等）如相同，可仅标注其中的一个要素的尺寸，如图 2-27 所示。

（4）对称构配件采用对称省略画法时，该对称构配件的尺寸线应略超过对称符号，仅在尺寸线的一端画尺寸起止符号，尺寸数字应按整体全尺寸注写，其注写位置宜与对称符号对齐，如图 2-28 所示。

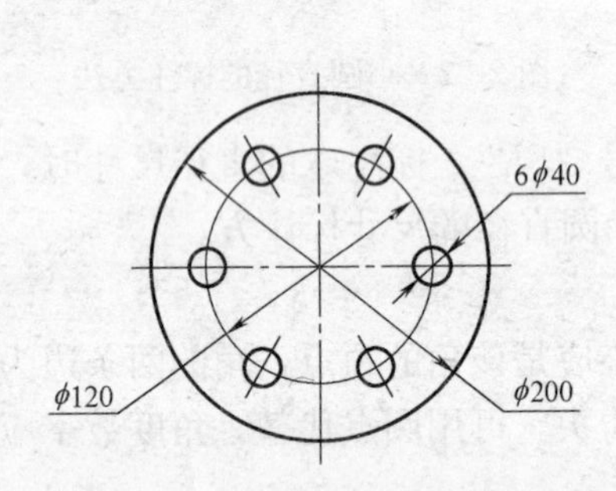

图 2-27 相同要素尺寸标注方法

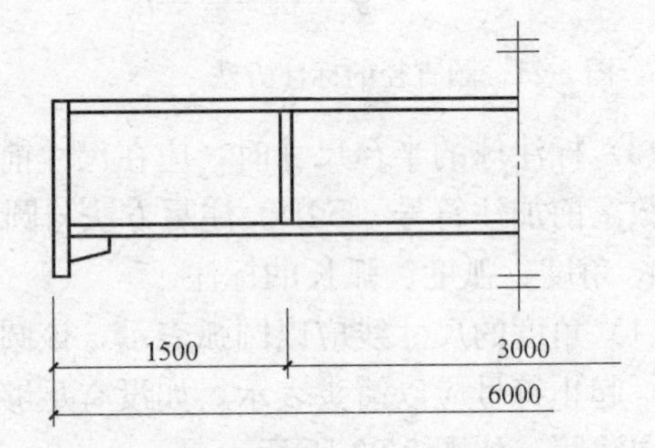

图 2-28 对称构件尺寸标注方法

（5）两个构配件，如个别尺寸数字不同，可在同一图样中将其中一个构配件的不同尺寸数字注写在括号内，该构配件的名称也应注写在相应的括号内，如图 2-29 所示。

（6）数个构配件，如仅某些尺寸不同，这些有变化的尺寸数字，可用拉丁字母注写在同一图样中，另列表格写明其具体尺寸，如图 2-30 所示。

6. 标高

（1）标高符号应以直角等腰三角形表示，按图 2-31（*a*）所示形式用细实线绘制，如标注位置不够，也可按图 2-31（*b*）所示形式绘制，标高符号的具体画法如图 2-31（*c*）、（*d*）所示。

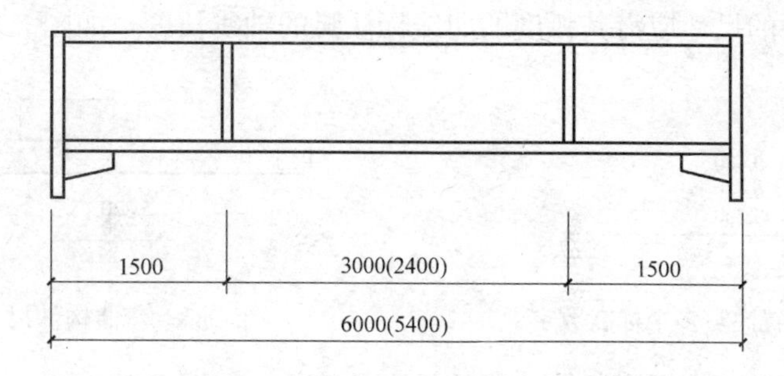

图 2-29　相似构件尺寸标注方法

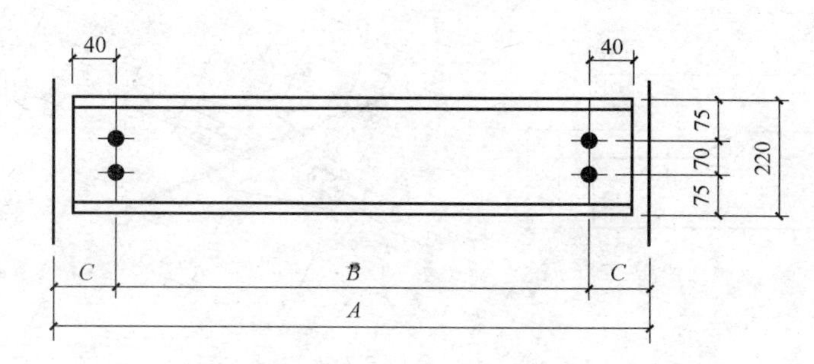

图 2-30　相似构件尺寸表格标注方法

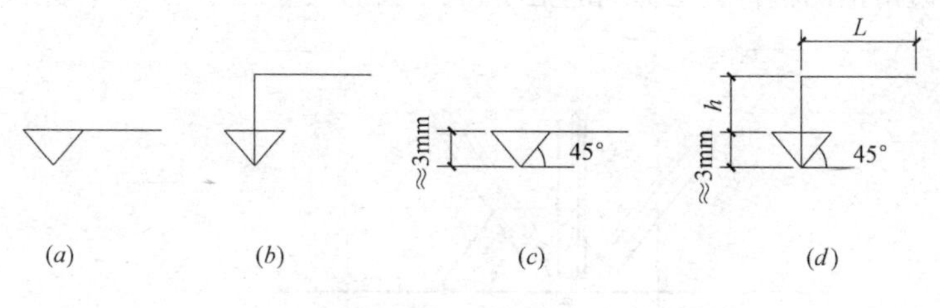

图 2-31　标高符号

(2) 室外地坪标高符号，宜用涂黑的三角形表示，如图 2-32 (*a*) 所示。具体画法如图 2-32 (*b*) 所示。

(3) 标高符号的尖端应指至被注高度的位置，尖端一般应向下，也可向上，标高数字应注写在标高符号的左侧或右侧，如图 2-33 所示。

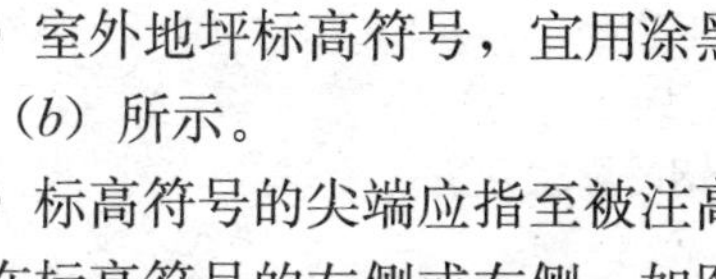

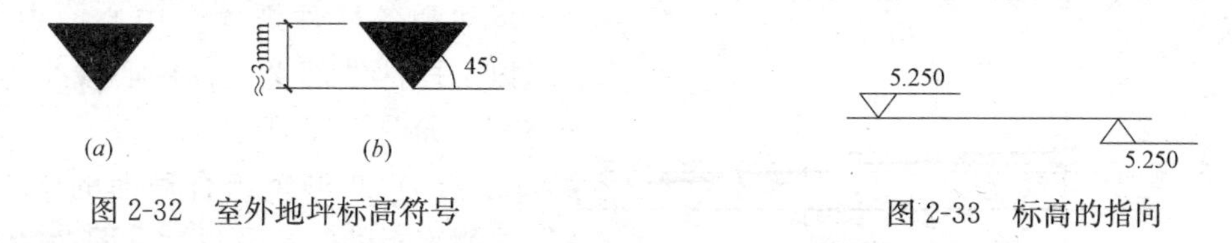

图 2-32　室外地坪标高符号

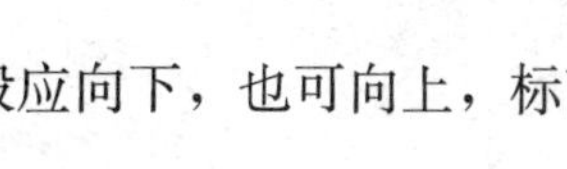

图 2-33　标高的指向

(4) 标高数字应以米 (m) 为单位，注写到小数点以后第三位。

(5) 零点标高应注写成±0.000，正数标高不注“+”，负数标高应注“−”，例如，3.000、−0.600。

(6) 在图样的同一位置需表示几个不同标高时，标高数字可按图 2-34 的形式注写。

7. 节点板尺寸标注

（1）弯曲构件的尺寸应沿其弧度的曲线标注弧的轴线长度，如图 2-35 所示。

图 2-34　同一位置注写多个标高数字

图 2-35　弯曲构件尺寸标注方法

（2）切割的板材，应标注各轴线段的长度及位置，如图 2-36 所示。

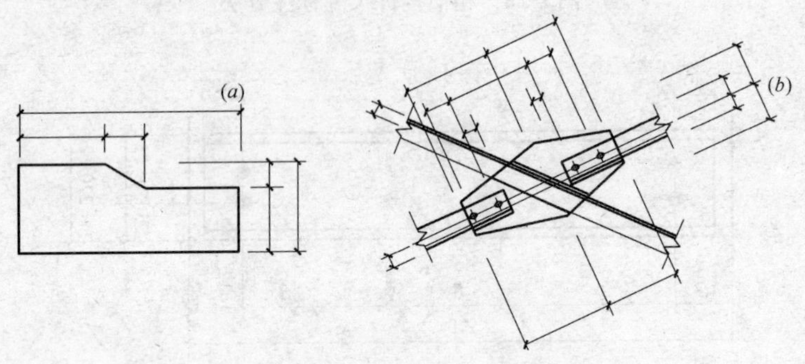

图 2-36　切割板尺寸的标注方法

（3）不等边角钢的构件，必须标注出角钢一肢的尺寸，如图 2-37 所示。

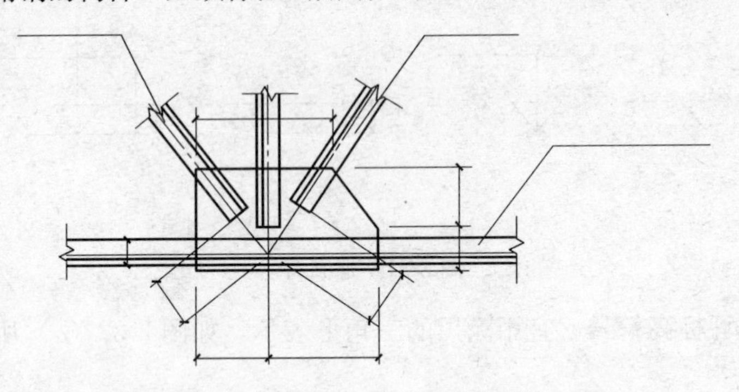

图 2-37　节点尺寸及不等边角钢的标注方法

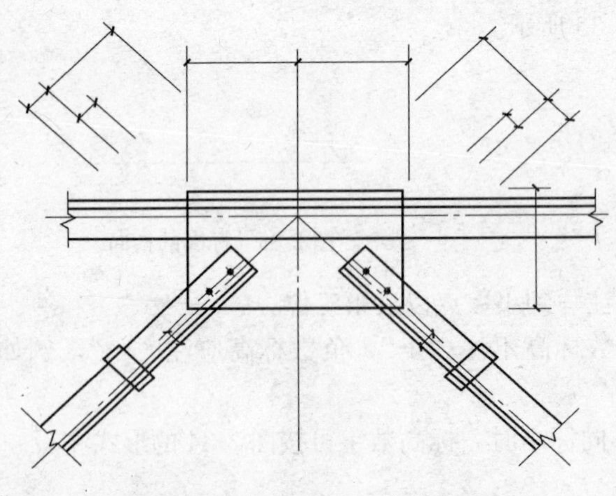

图 2-38　节点板尺寸的标注方法

（4）节点尺寸，应注明节点板的尺寸和各杆件螺栓孔中心或中心距，以及杆件端部至几何中心线交点的距离，如图 2-38 所示。

（5）双型钢组合截面的构件，应注明缀板的数量及尺寸（图 2-39）。引出横线上方标注缀板的数量及缀板的宽度、厚度，引出横线下方标注缀板的长度尺寸。

（6）非焊接的节点板，应注明节点板的尺寸和螺栓孔中心与几何中心

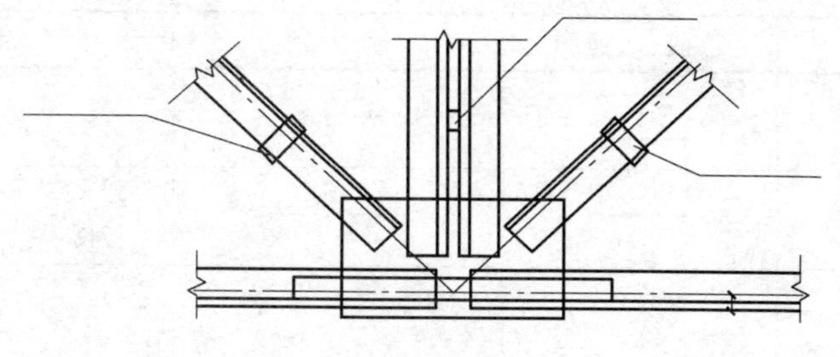
图 2-39　缀板的标注方法

线交点的距离，如图 2-40 所示。

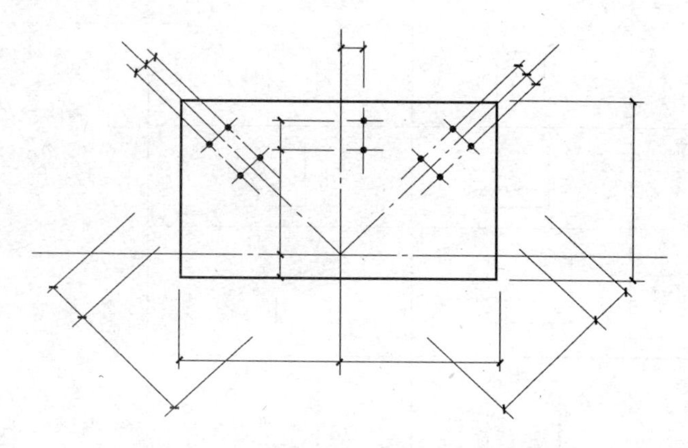
图 2-40　非焊接节点板尺寸的标注方法

2.3.7　常用型钢的标注方法

（1）常用型钢的标注方法应符合表 2-7 中的规定。

常用型钢的标注方法　　**表 2-7**

序号	名　称	截　面	标　注	说　明
1	热轧等边角钢	∟	∟ $b\times t$	b 为肢宽 t 为肢厚
2	热轧不等边角钢	B ∟	∟ $B\times b\times t$	B 为长肢宽，b 为短肢宽，t 为肢厚
3	热轧工字钢	I	I N　　Q I N	轻型工字钢加注 Q 字 N 工字钢的型号
4	热轧槽钢	[	[N　　Q [N	轻型槽钢加注 Q 字 N 槽钢的型号
5	方钢	▨ b	□ b	

续表

序号	名　称	截　面	标　注	说　明
6	扁钢	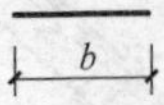 b	— $b \times t$	
7	钢板		$\dfrac{-b \times t}{L}$	宽×厚 板长
8	圆钢	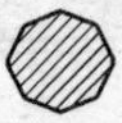	ϕd	
9	钢管	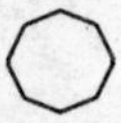	$DN \times \times$ $d \times t$	内径 外径×壁厚
10	薄壁方钢管		B □ $b \times t$	
11	薄壁等肢角钢		B 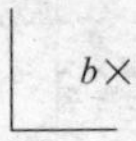 $b \times t$	
12	薄壁等肢卷边角钢	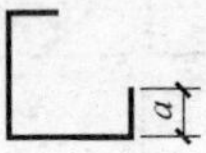 a	B  $b \times a \times t$	
13	薄壁槽钢	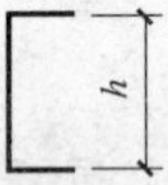 h	B $h \times b \times t$	薄壁型钢加注 B 字 b 为肢宽 t 为壁厚
14	薄壁卷边槽钢	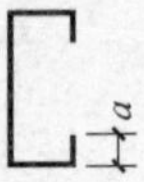 a	B  $h \times b \times a \times t$	
15	薄壁直卷边 Z 型钢	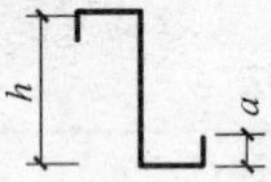 h a	B 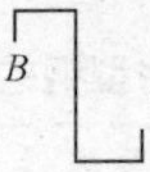 $h \times b \times a \times t$	
16	薄壁斜卷边 Z 型钢	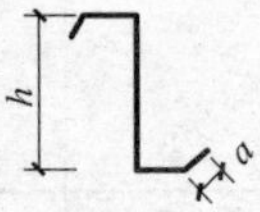 h a	B 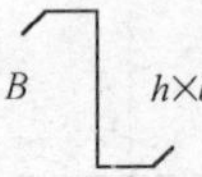 $h \times b \times a \times t$	
17	T 型钢		TW×× TM×× TN××	TW 为热轧宽翼缘 T 型钢 TM 为热轧中翼缘 T 型钢 TN 为热窄宽翼缘 T 型钢
18	H 型钢		HW×× HM×× HN××	HW 为热轧宽翼缘 H 型钢 HM 为热轧中翼缘 H 型钢 HN 为热窄宽翼缘 H 型钢
19	普通焊接工字钢	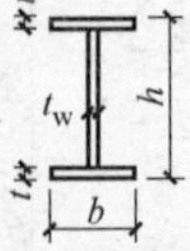 t t_w h t b	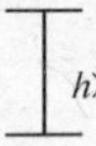 $h \times b \times t_w \times t$	规格型号见产品说明

续表

序号	名　称	截　面	标　注	说　明
20	起重机钢轨		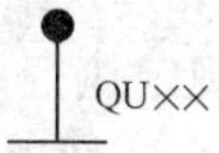 QU××	
21	轻轨及钢轨	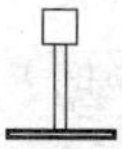	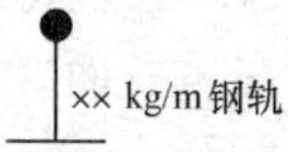 ×× kg/m 钢轨	

(2) 螺栓、孔、电焊铆钉的表示方法应符合表 2-8 中的规定。

螺栓、孔、电焊铆钉的表示方法　　　　表 2-8

序号	名　称	图　例	说　明
1	永久螺栓	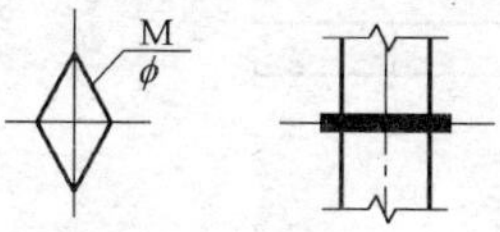 M ϕ	1. 细"十"线表示定位线； 2. M 表示螺栓型号； 3. Φ 表示螺栓孔直径； 4. d 表示膨胀螺栓、电焊铆钉直径； 5. 采用引出线标注螺栓时，横线上标注螺栓规格，横线下标注螺栓孔直径
2	高强螺栓	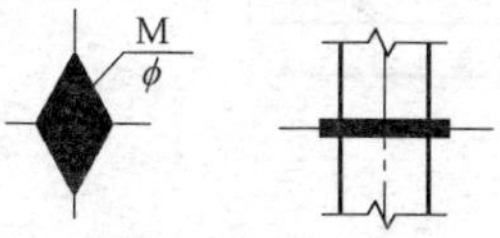 M ϕ	
3	安装螺栓	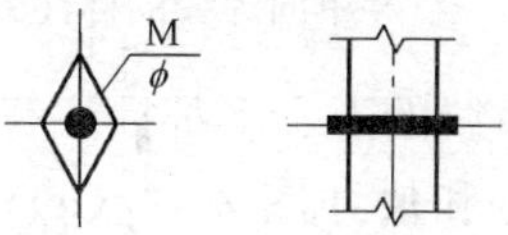 M ϕ	
4	膨胀螺栓	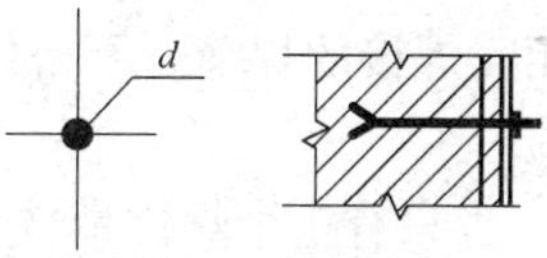 d	
5	圆形螺栓孔	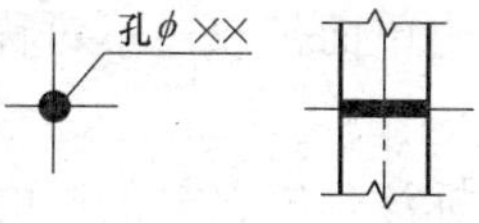 孔ϕ ××	
6	长圆形螺栓孔	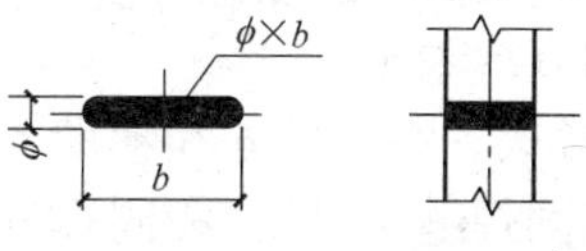 $\phi \times b$　ϕ　b	
7	电焊铆钉	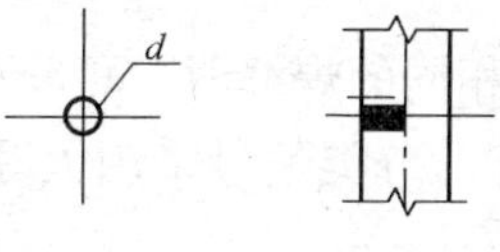 d	

2.3.8 焊缝符号的表示方法

详图中焊缝符号表示方法应按《建筑结构制图标准》（GB 50105—2010）以及《焊缝符号表示法》（GB 324—2008）的规定执行，并应符合本节的各项规定。

（1）单面焊缝的标注方法应符合下列规定：

1）当箭头指向焊缝所在的一面时，应将图形符号和尺寸标注在横线的上方，如图 2-41（*a*）所示；当箭头指向焊缝所在另一面（相对应的那面）时，应将图形符号和尺寸标注在横线的下方，如图 2-41（*b*）所示。

2）表示环绕工作件周围的焊缝时，其围焊焊缝符号为圆圈，绘在引出线的转折处，并标注焊角尺寸 *K*，如图 2-41（*c*）所示。

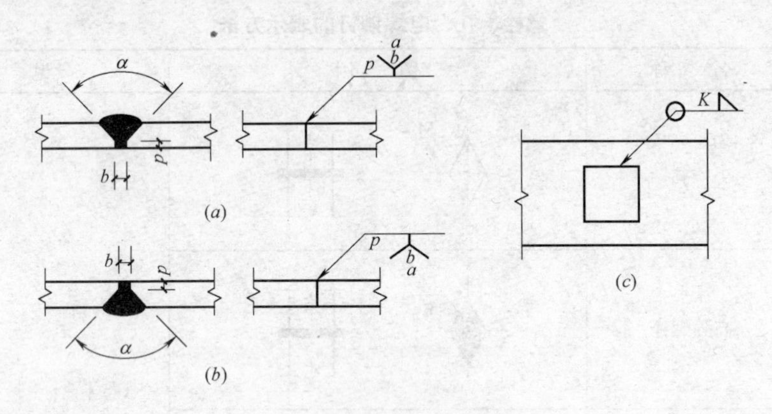

图 2-41 单面焊缝的标注方法

（2）双面焊缝的标注，应在横线的上、下都标注符号和尺寸。上方表示箭头一面的符号和尺寸，下方表示另一面的符号和尺寸图 2-42（*a*）；当两面的焊缝尺寸相同时，只需在横线上方标注焊缝的符号和尺寸，如图 2-42（*b*）、（*c*）、（*d*）所示。

（3）3 个和 3 个以上的焊件相互焊接的焊缝，不得作为双面焊缝标注，其焊缝符号和尺寸应分别标注，如图 2-43 所示。

（4）相互焊接的 2 个焊件中，当只有 1 个焊件带坡口时（如单面 V 形），引出线箭头必须指向带坡口的焊件，如图 2-44 所示。

（5）相互焊接的 2 个焊件，当为单面带双边不对称坡口焊缝时，引出线箭头必须指向较大坡口的焊件，如图 2-45 所示。

（6）当焊缝分布不规则时，在标注焊缝符号的同时，宜在焊缝处加中实线（表示可见焊缝），或加细栅线（表示不可见焊缝），如图 2-46 所示。

（7）相同焊缝符号应按下列方法表示：

1）在同一图形上，当焊缝形式、断面尺寸和辅助要求均相同时，可只选择一处标注焊缝的符号和尺寸，并加注“相同焊缝符号”，相同焊缝符号为 3/4 圆弧，绘在引出线的转折处，如图 2-47（*a*）所示。

2）在同一图形上，当有数种相同的焊缝时，可将焊缝分类编号标注。在同一类焊缝中可选择一处标注焊缝符号和尺寸。分类编号采用大写的拉丁字母 A、B、C 等，如图 2-47（*b*）所示。

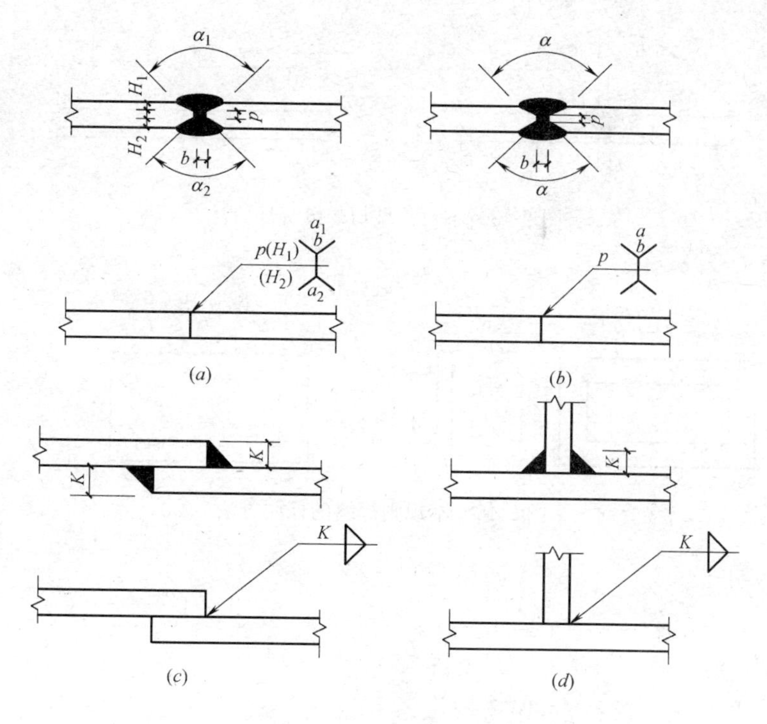

图 2-42 双面焊缝的标注方法

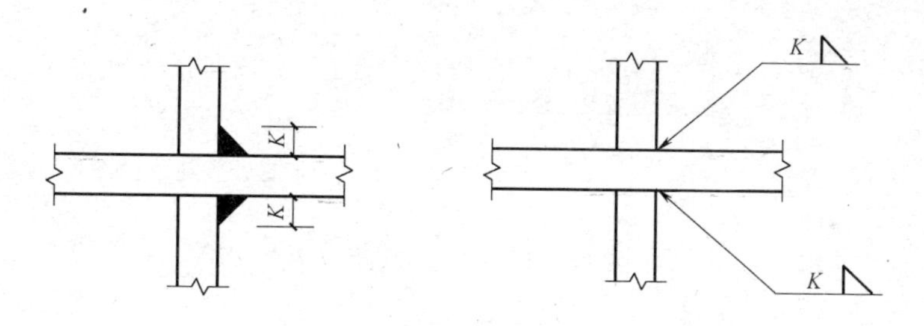

图 2-43 3 个以上焊件的焊缝标注方法

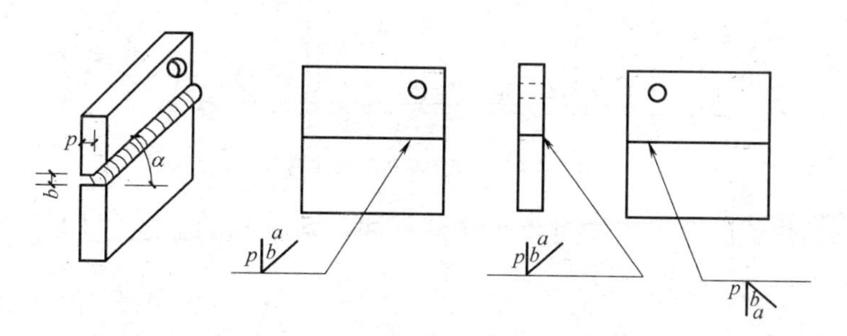

图 2-44 1 个焊件带坡口的焊缝标注方法

(8) 需要在施工现场进行焊接的焊件焊缝，应标注“现场焊缝”符号。现场焊缝符号为涂黑的三角形旗号，绘在引出线的转折处，如图 2-48 所示。

(9) 图样中较长的角焊缝（如焊接实腹钢梁的翼缘焊缝），可不用引出线标注，而直接在角焊缝旁标注焊缝尺寸值 K，如图 2-49 所示。

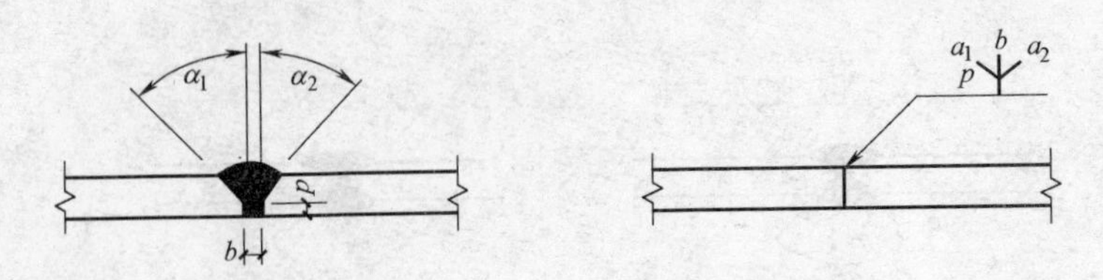

图 2-45　不对称坡口焊缝标注方法

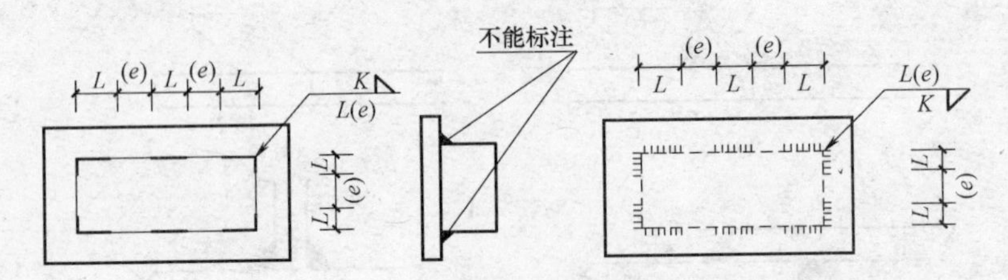

图 2-46　不规则焊缝的标注方法

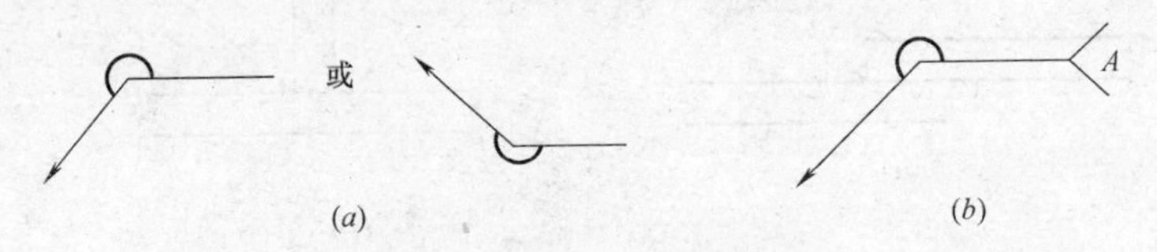

图 2-47　相同焊缝的标注方法

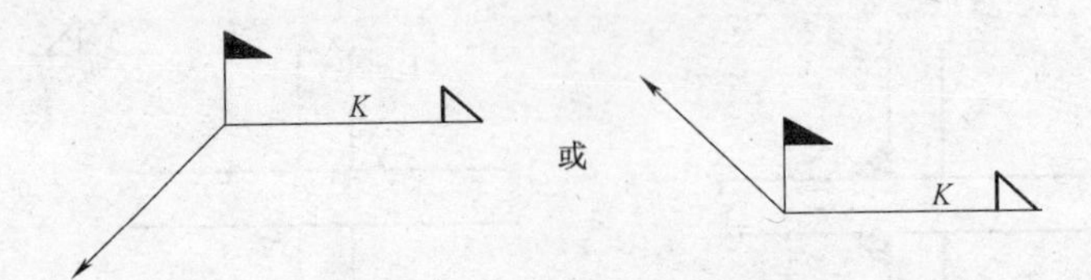

图 2-48　现场焊缝的表示方法

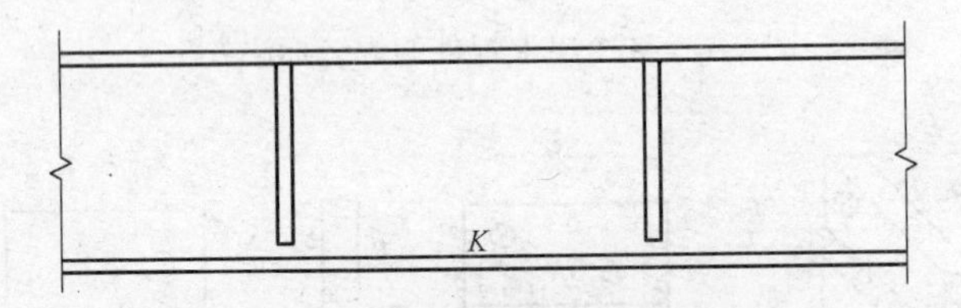

图 2-49　较长焊缝的标注方法

（10）熔透角焊缝的符号应按图 2-50 方式标注。熔透角焊缝的符号为涂黑的圆圈，绘在引出线的转折处。

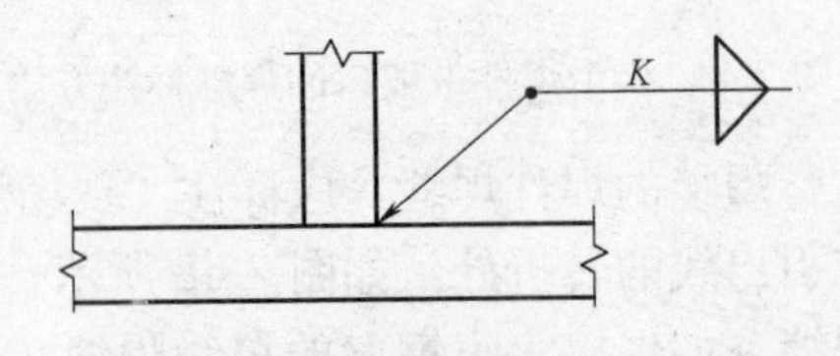

图 2-50　熔透角焊缝的标注方法

（11）局部焊缝应按图 2-51 方式标注。

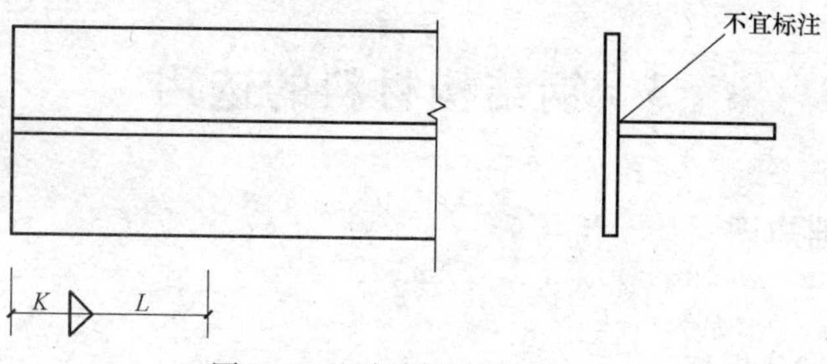

图 2-51　局部焊缝的标注方法

3 钢结构材料的选用

3.1 钢材的基础知识

3.1.1 钢材的分类及规格

1. 钢材的种类

钢结构中采用的钢材主要有碳素结构钢和低合金高强度结构钢。

（1）碳素结构钢

根据现行国家标准《碳素结构钢》（GB/T 700—2006）规定，碳素结构钢的牌号有Q195、Q215、Q235和Q275。

它由代表屈服点的字母、屈服点的数值、质量等级符号、脱氧方法符号四个部分按顺序组成。所采用的符号分别用下列字母表示：

Q——钢材屈服点“屈”字汉语拼音首位字母；

A、B、C、D、E——分别为质量等级；

F——沸腾钢“沸”字汉语拼音首位字母；

Z——镇静钢“镇”字汉语拼音首位字母；

TZ——特殊镇静钢“特镇”两字汉语拼音首位字母。

在牌号组成表示方法中，“Z”与“TZ”符号予以省略。根据上述牌号表示方法，如碳素结构钢Q235-A. F，表示屈服点为235N/mm^2、质量等级为A级的沸腾钢；Q235-B表示屈服点为235N/mm^2、质量等级为B级的镇静钢；低合金高强度结构钢的Q345-C表示屈服点为345N/nm^2、质量等级为C级的镇静钢；Q420-E表示屈服点为420N/mm^2、质量等级为E级的特殊镇静钢（低合金高强度结构钢全为镇静钢或特殊镇静钢，故F、Z与TZ符号均省略）。

（2）低合金高强度结构钢

低合金高强度结构钢是在钢的冶炼过程中适量添加几种合金元素（合金元素总量不超过5%），使钢的强度明显提高。

《低合金高强度结构钢》（GB/T 1591—2008）规定，钢号采用与碳素结构钢相同的表示方法。根据钢材厚度（直径）≤16mm时的屈服点不同，分为Q345、Q390、Q420、Q460、Q500、Q550、620、Q690等，其中Q345、Q390和Q420是钢结构设计规范推荐采用的钢种。

低合金高强度结构钢分为A、B、C、D、E五个质量等级，不同质量等级是按对冲击韧性的要求区分的。A级无冲击功要求；B级要求提供20℃冲击功A_{kv}≥34J（纵向）；C级要求提供0℃冲击功A_{kv}≥34J（纵向）；D级要求提供－20℃冲击功A_{kv}≥34J（纵向）；E级要求提供－40℃冲击功A_{kv}≥27J（纵向）。不同质量等级对碳、硫、磷、铝的要求也有区别。

低合金高强度结构钢的A、B级属于镇静钢，C、D、E级属于特殊镇静钢，因此钢的牌号中不需注明脱氧方法。

2. 钢材的规格

钢结构所用的钢材主要有热轧型钢和冷弯薄壁型钢。

热轧型钢包括钢板、工字钢、角钢、槽钢、钢管、H型钢和一些冷弯薄壁型钢。

热轧钢板包括厚钢板和薄钢板，表示方法为“一宽度×厚度×长度”，单位为mm。

工字钢有普通工字钢和轻型工字钢。普通工字钢用号数表示，号数为截面高度的厘米数。20号以上的工字钢，同一号数根据腹板厚度不同分a、b、c三类，如I30a、I30b、I30c。轻型工字钢比普通工字钢的腹板薄，翼缘宽而薄。

角钢有等边角钢和不等边角钢两种。如∟100×10表示边长为100mm，厚度为10mm的等边角钢，∟100×80×8表示长边为100mm，短边为80mm，厚度为10mm的不等边角钢。

槽钢用号数表示，号数为截面高度的厘米数。

钢管常用热轧无缝钢管和焊接钢管。用“外径×壁厚”表示，单位为mm。

H型钢比工字钢的翼缘宽度大而且等厚，因此更高效。依据现行国家标准《热轧H型钢和剖分T型钢》（GB/T 11263—2005）规定，热轧H型钢分为宽翼缘H型钢、中翼缘H型钢和窄翼缘H型钢，代号分别为HW、HM和HN，型号采用高度×宽度来表示，如HW400×400、HM500×300、HN700×300。

3.1.2 钢材的性能

1. 钢材的力学性能

在钢筋混凝土结构中所使用的钢材是否符合标准，直接关系着工程的质量，为此，在使用前，必须对钢筋进行一系列的检查与试验，力学性能试验就是其中的一个重要检验项目，是评估钢材能否满足设计要求，检验钢质及划分钢号的重要依据之一。

（1）抗拉性能

钢筋的抗拉性能，一般是以钢筋在拉力作用下的应力-应变图来表示。低碳钢从受拉到断裂经历弹性、屈服、强化、颈缩四个阶段。

（2）塑性变形

通过钢材受拉时的应力—应变图，可对其塑性性能进行分析。钢筋的塑性性能必须满足一定的要求，才能防止钢筋在加工时弯曲处出现裂缝、翘屈现象及构件在受荷载过程中可能出现的脆断破坏。表示钢材塑性变形性能的指标有两个：伸长率和断面收缩率。

（3）冲击韧性

冲击韧性是指钢材抵抗冲击荷载的能力。其指标是通过标准试件的弯曲冲击韧性试验确定的。钢材的冲击韧性是衡量钢材质量的一项指标，特别对经常承受荷载冲击作用的构件，要经过冲击韧性的鉴定。冲击韧性越大，表明钢材的冲击韧性越好。

（4）耐疲劳性

钢筋混凝土构件在交变荷载的反复作用下，往往在应力远小于屈服点时，发生突然的脆性断裂，这种现象叫做疲劳破坏。

（5）冷弯性能

冷弯性能是指钢筋在常温（20℃±3℃）条件下承受弯曲变形的能力。冷弯是检验钢筋原材料质量和钢筋焊接接头质量的重要项目之一。通过冷弯试验能更容易暴露钢材内部存在的夹渣、气孔、裂纹等缺陷。

(6) 焊接性能

在建筑工程中，钢筋骨架、接头、预埋件连接等，大多数是采用焊接的，因此要求钢筋应具有良好的焊接性能。钢筋的化学成分对钢筋的焊接性能和其他性能有很大的影响。

(7) 硬度

硬度是指金属材料抵抗硬物压入表面的能力，是热处理工件质量检查的一项重要指标。测定硬度可采用压入法。按照压头和压力的不同，测定钢材硬度常用的方法有布氏法、洛氏法和维氏法。相应的硬度试验指标有布氏硬度（HB）、洛氏硬度（HR）和维氏硬度（HV）。

2. 影响钢材性能的因素

(1) 化学成分

钢是由多种化学成分组成的，铁（Fe）是钢材的基本元素。此外，化学成分的碳、硅、锰、磷、硫、氧、氮对钢材性能均有影响。

(2) 冶金缺陷

① 偏析：钢中化学成分（有害成分）分布不均匀。

② 非金属夹杂：钢中混有硫化物、氧化物等杂质。

③ 分层：钢板（$t>40$mm）沿厚度出现薄弱层，将导致层状撕裂。

④ 气泡：指浇铸时气体不能充分逸出而留在钢锭中形成的缺陷。

⑤ 裂纹：危害最严重。

(3) 钢材的硬化

① 时效硬化（老化）：随时间的推移，钢材的屈服强度和抗拉强度提高，而塑性、冲击韧性降低的过程。

② 冷作硬化：（在弹塑性阶段）通过重复加载、卸载，可以提高钢材的屈服点，而塑性和韧性降低的过程；常用冷拉冷拔等冷加工方法。

③ 应变时效硬化：是冷作硬化后又加时效硬化。

(4) 温度的影响

温度升高，钢材强度降低，应变增大；反之，温度降低，钢材强度会略有增加，塑性和韧性却会降低而变脆。

(5) 应力集中

由于钢结构存在着孔洞、刻槽、凹角、裂纹以及厚度的突然改变，此时，构件中的应力不再保持均匀分布，而是某些区域产生局部高峰应力，而另外一些区域则应力降低，即应力集中现象。

(6) 反复荷载作用

钢材在反复荷载作用下，结构的抗力及性能都会发生重要变化，甚至发生疲劳破坏。

3.1.3 钢材的技术指标

1. 普通碳素结构钢的技术指标

普通碳素结构钢的化学成分、力学性能及工艺性能，见表 3-1～表 3-3。

碳素结构钢的牌号和化学成分（熔炼分析） **表 3-1**

牌号	等级	化学成分(%)					脱氧方法
		C	Mn	Si	S	P	
				不大于			
Q195	—	0.06～0.12	0.25～0.50	0.30	0.50	0.045	F、b、Z
Q215	A	0.09～0.15	0.25～0.55	0.30	0.050	F、b、Z	
	B				0.045		
Q235	A	0.14～0.22	0.30～0.65 *	0.30	0.050	0.045	F、b、Z Z TZ
	B	0.12～0.20	0.30～0.70 *		0.045		
	C	≤0.18	0.35～0.80		0.040	0.040	
	D	≤0.17			0.035	0.035	
Q275	—	0.28～0.38	0.50～0.80	0.35	0.045	0.045	Z

碳素结构钢拉伸试验要求 **表 3-2**

牌号	等级	拉伸试验													冲击试验	
		屈服点 σ_s(N/mm²)						抗拉强度	伸长率 δ_s(%)						温度(℃)	V型冲击功(纵向)(J)
		钢材厚度(直径)(mm)							钢材厚度(直径)(mm)							
		≤16	16～40	40～60	60～100	100～150	150		≤16	16～40	40～60	60～100	100～150	150		
		不小于							不小于						不小于	
Q195	—	(195)	(185)	—	—	—	—	315～390	33	32	—	—	—	—	—	—
Q215	A	215	205	195	185	175	165	335～410	31	30	29	28	27	26	—	—
	B														20	27
Q235	A	235	225	215	205	195	185	375～460	26	25	24	23	22	21	—	—
	B														20	27
	C														0	
	D														−20	
Q275	—	275	265	255	245	235	225	490～610	20	19	18	17	16	15	—	—

碳素结构钢弯曲试验要求 **表 3-3**

牌　　号	试 样 方 向	冷弯实验 $B=2a$　180°		
		钢材厚度(直径)(mm)		
		60	>60～100	>100～200
		弯心直径 d		
Q195	纵	0	—	—
	横	0.5a		

续表

牌　号	试样方向	冷弯实验 $B=2a$　180°		
		钢材厚度(直径)(mm)		
		60	＞60～100	＞100～200
		弯心直径 d		
Q215	纵	$0.5a$	$1.5a$	$2a$
	横	a	$2a$	$2.5a$
Q235	纵	a	$2a$	$2.5a$
	横	$1.5a$	$2.5a$	$3a$
Q275		$3a$	$4a$	$4.5a$

注：1. B—试样宽度；a—钢材厚度（直径）；

2. 有关说明：

(1) 钢的牌号表示方法：由代表屈服点的字母（Q）、屈服点数值、质量等级符号脱氧方法四个部分顺序组成：例如 Q235—AF。

(2) 脱氧方法符号：

F——沸腾钢。

b——半镇静钢。

Z——镇静钢。

TZ——特殊镇静钢。

(3) 钢的冶炼方法有氧气转炉、平炉或电炉冶炼，除非有特殊要求，一般由生产厂自行决定。

(4) 钢材一般是热轧状态交货（包括控轧）。根据需要经双方协议，也可以正火处理状态交货（A 级钢材除外）。

(5) 牌号 Q195 的屈服点仅供参考，不作为交货条件。

(6) 进行拉伸和弯曲试验时，钢板和钢带应取横向试件，伸长率允许比表 3-2 降低 1%（绝对值）。型钢应取纵向试件。

(7) 在保证钢材力学性能符合规定的情况下，各牌号 A 级钢的碳、锰含量和其他等级钢碳、锰含量下限可以不作为交货条件，但其含量（熔炼分析）应在质量证明书中注明。各牌号 A 级钢的冷弯试验，在需方有要求时才进行。当冷弯试验合格，抗拉强度上限可以不作为交货条件。

(8) 在供应商品钢锭、钢坯时，生产厂保证化学成分（熔炼分析）符合表 3-1 规定，但为保证轧制钢材各项性能符合规定，各牌号 A、B 级钢的化学成分可以根据需方要求进行调整，另订协议。

2. 低合金高强度结构钢的技术指标

(1) 化学成分

各牌号低合金高强度结构钢的化学成分（熔炼分析）应符合表 3-4 的规定。

低合金高强度结构钢的化学成分　　表 3-4

<table>
<tr><th rowspan="3">牌号</th><th rowspan="3">质量等级</th><th colspan="15">化学成分(a、b 型)(质量分数)(%)</th></tr>
<tr><th rowspan="2">C</th><th rowspan="2">Si</th><th rowspan="2">Mn</th><th>P</th><th>S</th><th>Nb</th><th>V</th><th>Ti</th><th>Cr</th><th>Ni</th><th>Cu</th><th>N</th><th>Mo</th><th>B</th><th>Als</th></tr>
<tr><th colspan="11">不大于</th><th>不小于</th></tr>
<tr><td rowspan="5">Q345</td><td>A</td><td rowspan="3">≤0.20</td><td rowspan="5">≤0.50</td><td rowspan="5">≤1.70</td><td>0.035</td><td>0.035</td><td rowspan="5">0.07</td><td rowspan="5">0.15</td><td rowspan="5">0.20</td><td rowspan="5">0.30</td><td rowspan="5">0.50</td><td rowspan="5">0.30</td><td rowspan="5">0.012</td><td rowspan="5">0.10</td><td rowspan="5">—</td><td rowspan="2">—</td></tr>
<tr><td>B</td><td>0.035</td><td>0.035</td></tr>
<tr><td>C</td><td>0.030</td><td>0.030</td><td rowspan="3">0.015</td></tr>
<tr><td>D</td><td rowspan="2">≤0.18</td><td>0.030</td><td>0.025</td></tr>
<tr><td>E</td><td>0.025</td><td>0.020</td></tr>
</table>

续表

牌号	质量等级	化学成分(a、b型)(质量分数)(%)														
		C	Si	Mn	P	S	Nb	V	Ti	Cr	Ni	Cu	N	Mo	B	Als
					不大于											不小于
Q390	A				0.035	0.035										—
	B				0.035	0.035										
	C	≤0.20	≤0.50	≤1.70	0.030	0.030	0.07	0.20	0.20	0.30	0.50	0.30	0.015	0.10	—	
	D				0.030	0.025										0.015
	E				0.025	0.020										
Q420	A				0.035	0.035										—
	B				0.035	0.035										
	C	≤0.20	≤0.50	≤1.70	0.030	0.030	0.07	0.20	0.20	0.30	0.80	0.30	0.015	0.20	—	
	D				0.030	0.025										0.015
	E				0.025	0.020										
Q460	C				0.030	0.030										
	D	≤0.20	≤0.60	≤1.80	0.030	0.025	0.11	0.20	0.20	0.30	0.80	0.55	0.015	0.20	0.004	0.015
	E				0.025	0.020										
Q500	C				0.030	0.030										
	D	≤0.18	≤0.60	≤1.80	0.030	0.025	0.11	0.12	0.20	0.60	0.80	0.55	0.015	0.20	0.004	0.015
	E				0.025	0.020										
Q550	C				0.030	0.030										
	D	≤0.18	≤0.60	≤2.00	0.030	0.025	0.11	0.12	0.20	0.80	0.80	0.80	0.015	0.30	0.004	0.015
	E				0.025	0.020										
Q620	C				0.030	0.030										
	D	≤0.18	≤0.60	≤2.00	0.030	0.025	0.11	0.12	0.20	1.00	0.80	0.80	0.015	0.30	0.004	0.015
	E				0.025	0.020										
Q690	C				0.030	0.030										
	D	≤0.18	≤0.60	≤2.00	0.030	0.025	0.11	0.12	0.20	1.00	0.80	0.80	0.015	0.30	0.004	0.015
	E				0.025	0.020										

① a型材及棒材P、S含量可提高0.005%，其中A级钢上限可为0.045%；

② b型材当细化晶粒元素组合加入时，20 (Nb+V+Ti)≤0.22%，20 (Mo+Cr)≤0.30%

(2) 低合金高强度结构钢的机械性能（强度、冲击韧性、冷弯等）应符合表3-5的规定。

3. 优质碳素结构钢技术指标

(1) 优质碳素结构钢的牌号、统一数字代号及化学成分（熔炼分析）应符合表3-6的规定。

(2) 优质碳素结构钢的力学性能。

用热处理（正火）毛坯制成的试样测定钢材的纵向力学性能（不包括冲击吸收功）见表3-7所示。

低合金高强度结构钢的冷弯 表 3-5

牌号	试样方向	180°弯曲试验 [d=弯心直径,a=试样厚度(直径)]	
		钢材厚度(直径,边长)	
		≤16mm	>16mm~100mm
Q345 Q390 Q420 Q460	宽度不小于 600mm 扁平材,拉伸试验取横向试样。宽度小于 600mm 的扁表平材、型材及棒材取纵向试样	$2a$	$3a$

优质碳素结构钢化学成分(熔炼分析)表 表 3-6

组别	化学成分(质量分数)(%) ≤	
	P	S
优质钢	0.035	0.035
高级优质钢	0.030	0.030
特级优质钢	0.025	0.020

优质碳素结构钢的力学性能 表 3-7

牌号	试样毛坯尺寸	推荐热处理(℃)			力学性能					钢材交货状态硬度 HBW10/3000 不大于	
		正火	淬火	回火	σ_b (MPa)	σ_s (MPa)	δ_s (%)	φ (%)	A_{KU2} (J)		
					不小于					未热处理钢	退火钢
08F	25	930			295	175	35	60		131	
10F	25	930			315	185	33	55		137	
15F	25	920			355	205	29	55		143	
08	25	930			325	195	33	60		131	
10	25	930			335	205	31	55		137	
15	25	920			375	225	27	55		143	
20	25	910			410	245	25	55		156	
25	25	900	870	600	450	275	23	50	71	170	
30	25	880	860	600	490	295	21	50	63	179	
35	25	870	850	600	530	315	20	45	55	197	
40	25	860	840	600	570	335	19	45	47	217	187
45	25	850	840	600	600	355	16	40	39	229	197
50	25	830	830	600	630	375	14	40	31	241	207
55	25	820	820	600	645	380	13	35		255	217
60	25	810			675	400	12	35		255	229
65	25	810			695	410	10	30		255	229
70	25	790			715	420	9	30		269	229
75	试样		820	480	1080	880	7	30		282	241

续表

牌号	试样毛坯尺寸	推荐热处理/℃			力学性能					钢材交货状态硬度 HBW10/3000 不大于	
		正火	淬火	回火	σ_b (MPa)	σ_s (MPa)	δ_s (%)	φ (%)	A_{KU2} (J)		
					不小于					未热处理钢	退火钢
80	试样		820	480	1080	930	6	30		285	241
85	试样		820	480	1130	980	6	30		302	255
15MN	25	920			410	245	26	55		163	
20MN	25	910			450	275	24	50		197	
25MN	25	900	870	600	490	295	22	50	71	207	
30MN	25	880	860	600	540	315	20	45	63	217	187
35MN	25	870	850	600	560	335	18	45	55	229	197
40MN	25	860	840	600	590	355	17	45	47	229	207
45MN	25	850	840	600	620	375	15	40	39	241	217
50MN	25	830	830	600	645	390	13	40	31	255	217
60MN	25	810			695	410	11	35		269	229
65MN	25	830			735	430	9	30		285	229
70MN	25	790			785	450	8	30		285	229

注：1. 对于直径或厚度小于 25mm 的钢材，热处理是在与成品截面尺寸相同的试样毛坯上进行。

2. 表中所列正火推荐保温时间不少于 30min，空冷、淬火推荐保温时间不少于 30min，70、80 和 85 钢油冷，其余钢水冷；回火推荐保温时间不少于 1h。

3. 表中所列的力学性能仅适用于截面尺寸不大于 80mm 的钢材。对于大于 80mm 的钢材，允许其断后伸长率和断面收缩率比表中数值分别降低 2%（绝对值）及 5%（绝对值）。

4. 切削加工用钢材或冷拔坯料用钢材的交货状态硬度应符合表中规定。

3.1.4 钢材的选用

为保证承重结构的承载能力和防止在一定条件下出现脆性破坏，应根据结构的重要性、荷载特征、结构形式、应力状态、连接方法、钢材厚度和工作环境等因素综合考虑，选用合适的钢材牌号和材性。

承重结构的钢材宜采用 Q235 钢、Q345 钢、Q390 钢和 Q420 钢，其质量应分别符合现行国家标准《碳素结构钢》（GB/T 700）和《低合金高强度结构钢》（GB/T 1591）的规定，当采用其他牌号的钢材时，应符合相应有关标准的规定和要求。不同建筑结构对材质的要求如下：

① 重要结构构件（如梁、柱、屋架等）高于一般构件（如墙架、平台等）。

② 受拉、受弯构件高于受压构件。

③ 焊接结构高于栓接或铆接结构。

④ 低温工作环境的结构高于常温工作环境的结构。

⑤ 直接承受动力荷载的结构高于间接承受动力荷载的结构。

⑥ 重级工作制构件（如重型吊车梁）高于中、轻级工作制构件。

1. 钢材选用的原则

建筑结构钢材选用的基本原则是要满足保证结构安全可靠，经济合理，节约钢材。钢材的强度和质量等级可由力学性能中的 f_u（抗拉强度）、δ_5（伸长率）、f_y（屈服点）、180°冷弯和 A_{kv}（常温及负温冲击韧性）等指标和化学成分中的碳、锰、硅、硫、磷和合金元素的含量是否符合规定，以及脱氧方法（沸腾钢、镇静钢，特镇钢）等作为标准来衡量。显然，不论何种构件，一律采用强度和质量等级高的钢材是不合理的，而且钢材强度等级高（如 Q345、Q390、Q420 钢）或质量等级高（C、D、E 级），其价格亦增高。因此，钢材的选用应结合工程需要全面考虑，合理地选择。

（1）结构的重要性

根据《建筑结构可靠度设计统一标准》（GB 50068—2001）的规定，建筑物及其构件按其破坏后果的严重性，分为重要的、一般的和次要的三类，相应的安全等级为一、二、三级。因此，对安全等级为一级的重要的房屋及其构件，如重型厂房钢结构、大跨钢结构、高层钢结构等，应选用质量好的钢材。对一般或次要的房屋及其构件可按其性质，选用普通质量的钢材。

（2）荷载特征

结构所受荷载分为静力荷载和动力荷载两种，对直接承受动力荷载的构件如（吊车梁），应选用综合质量和韧性较好的钢材。对承受静力荷载的结构，可选用普通质量的钢材。

（3）连接方法

钢结构的连接方法有焊接和非焊接（采用紧固件连接）之分。焊接结构由于焊接过程的不均匀加热和冷却，会对钢材产生许多不利影响。因此，其钢材质量应高于非焊接结构，须选择碳、硫、磷含量较低，塑性和韧性指标较高，可焊性较好的钢材。

（4）工作条件

结构的工作环境对钢材有很大影响，如钢材处于低温工作环境时易产生低温冷脆，此时应选用抗低温脆断性能较好的镇静钢。另外，对周围环境有腐蚀性介质或处于露天的结构，易引起锈蚀，所以应选择具有相应抗腐蚀性能的耐候钢材。

（5）钢材厚度

厚度大的钢材不仅强度、塑性、冲击韧性较差，而且其焊接性能和沿厚度方向的受力性能亦较差，故在需要采用大厚度钢板时，应选择 z 向钢板。

2. 钢材选用的方法

根据钢材选用的基本原则，《钢结构设计规范》结合我国多年来的工程实践和钢材生产情况，对承重结构的钢材推荐采用 Q235、Q345、Q390、Q420 钢。

沸腾钢质量较差，但在常温、静力荷载下的力学性能和焊接性能与镇静钢无显著差异，故可满足一般承重结构的要求。虽然随着我国炼钢工艺的改进（由模铸改为连铸），沸腾钢的产量已很少，其价格也和镇静钢持平，但考虑到目前还有少量模铸生产，故《钢结构设计规范》仍对焊接的承重结构和构件不应采用 Q235 沸腾钢有如下规定：

（1）焊接结构

1）直接承受动力荷载或振动荷载且需要验算疲劳的结构。

2）工作温度低于−20℃时的直接承受动力荷载或振动荷载，但可不验算疲劳的结构以及承受静力荷载的受弯及受拉的重要承重结构。

3）工作温度等于或低于－30℃的所有承重结构。

（2）非焊接结构

工作温度等于或低于－20℃的直接承受动力荷载且需要验算疲劳的结构。

（3）承重结构

1）采用的钢材应具有抗拉强度、伸长率、屈服强度和硫、磷含量的合格保证，对焊接结构尚应具有碳含量的合格保证。焊接承重结构以及重要的非焊接承重结构采用的钢材还应具有冷弯试验的合格保证。

2）对于需要验算疲劳的焊接结构的钢材，应具有常温冲击韧性的合格保证。当结构工作温度不高于0℃但高于－20℃时，Q235钢和Q345钢应具有0℃冲击韧性的合格保证；对Q390钢和Q420钢应具有－20℃冲击韧性的合格保证；当结构工作温度不高于－20℃时，对Q235钢和Q345钢应具有－20℃冲击韧性的合格保证；对Q390钢和Q420钢应具有－40℃冲击韧性的合格保证。（注：吊车起重量小于50t的中级工作制吊车梁，对钢材冲击韧性的要求与需要演算疲劳的构件相同）。

3）当焊接承重结构为防止钢材的层状撕裂而采用Z向钢时，其材质应符合现行国家标准《厚度方向性能钢板》（GB/T 5313—2010）的规定。

4）对处于外露环境，且对耐腐蚀有特殊要求的或在腐蚀性气态和固态介质作用下的承重结构，宜采用耐候钢，其质量要求应符合现行国家标准《焊接结构用耐候钢》（GB/T 4172—2000）的规定。

（4）钢结构的连接材料要求

1）手工焊接采用的焊条，应符合现行国家标准《碳钢焊条》（GB/T 5117—1995）或《低合金钢焊条》（GB/T 5118—1995）的规定。选择的焊条型号应与主体金属力学性能相适应。对焊接承受动力荷载或振动荷载且需要验算疲劳的结构，宜采用低氢型焊条。

2）自动焊接或半自动焊接采用的焊丝和相应的焊剂应与主体金属力学性能相适应，并应符合现行国家标准的规定。

3）普通螺栓应符合现行国家标准《六角头螺栓C级》（GB/T 5780—2000）和《六角头螺栓》（GB/T 5782—2000）的规定。

4）高强度螺栓应符合现行国家标准《钢结构用高强度大六角头螺栓》（GB/T 1228—2006）、《钢结构用高强度大六角螺母》（GB/T 1229—2006）、《钢结构用高强度垫圈》（GB/T 1230—2006）、《钢结构用高强度大六角头螺栓、大六角螺母、垫圈技术条件》（GB/T 1231—2006）、《钢结构用扭剪型高强度螺栓连接副》（GB/T 3632—2008）、《钢结构用扭剪型高强度螺栓连接副》（GB/T 3632—2008）的规定。

5）圆柱头焊钉（栓钉）连接件的材料应符合现行国家标准《电弧螺柱焊用圆柱头焊钉》（GB/T 10433—2002）的规定。

3.2 紧固件、锚栓的选用

3.2.1 紧固件

紧固件的选用原则，选择紧固件时，应优先确定类别，再确定其品种和规格。

1. 确定类别

标准紧固件共分十二大类，选用时按紧固件的使用场合和其使用功能进行确定。

(1) 螺栓：螺栓化机械制造中广泛应用于可拆连接，一般与螺母（通常再加上一个垫圈或两个垫圈）配套使用。

(2) 螺母：螺母与螺栓相配合使用。

(3) 螺钉：螺钉通常是单独（有时加垫圈）使用，一般起紧固或紧定作用，应拧入机体的内螺纹。

(4) 螺柱：螺柱多用于连接被连接件之一厚度大，需使用结构紧凑或因拆卸频繁而不宜采用螺栓连接的地方。螺柱一般为两端都带有螺纹（单头螺柱为单端带螺纹），通常将一头螺纹牢固拧入部件机体中，另一端与螺母相配，起连接和紧固的作用，但在很大程度上还具有定距的作用。

(5) 木螺钉：木螺钉用于拧入木材，起连接或紧固作用。

(6) 自攻螺钉：与自攻螺钉相配的工作螺孔不需预先攻螺纹，在拧入自攻螺钉的同时，使内螺纹成形。

(7) 垫圈：垫圈放在螺栓、螺钉和螺母等的支承面与工件支承面之间使用，起防松和减小支承面应力的作用。

(8) 挡圈：挡圈主要用来将零件在轴上或孔中定位、锁紧或止退。

(9) 销：销通常用于定位，也可用于连接或锁定零件，还可作为安全装置中的过载剪断元件。

(10) 铆钉：铆钉一端有头部，且杆部无螺纹。使用时将杆部插入被连接件的孔内，然后将杆的端部铆紧，起连接或紧固作用。

(11) 连接副：连接副即螺钉或螺栓或自攻螺钉和垫圈的组合。垫圈装于螺钉后，必须能在螺钉（或螺栓）上自由转动而不脱落。主要起紧固或紧定作用。

(12) 其他：主要包括焊钉等内容。

2. 确定品种

(1) 品种的选择原则

1) 从加工、装配的工作效率考虑，在同一机械或工程内，应尽量减少使用紧固件的品种。

2) 从经济考虑，应优先选用商品紧固件品种。

3) 根据紧固件预期的使用要求，按形式、力学性能、精度和螺纹等方面确定选用品种。

(2) 螺栓

1) 一般用途螺栓：品种很多，有六角头和方头之分。六角头螺栓应用最普遍，按制造精度和产品质量分为 A、B、C 等产品等级，以 A 级和 B 级应用最多，并且主要用于重要的、装配精度高以及受较大冲击、振动或变载荷的地方。六角头螺栓按其头部支承面积大小及安装位置尺寸，可分为六角头与大六角头两种；头部或螺杆有带孔的品种供需要锁紧时采用。方头螺栓的方头有较大的尺寸和受力表面，便于扳手口卡住或靠住其他零件起止转作用，常用在比较粗糙的结构上，有时也用于 T 形槽中，便于螺栓在槽中松动调整位置。一般用螺栓规格性能见 GB/T 8—1988、GB/T 5780—2000、GB/T 5790—1986 等。

2）铰制孔用螺栓：使用时将螺栓紧密镶入铰制孔内，以防止工件错位，见其规格性能 GB/T 27—1988 等。

3）止转螺栓：有方颈、带榫之分，见 GB 12～GB 15 等。

4）特殊用途螺栓：包括 T 形槽用螺栓、活节螺栓和地脚螺栓。T 形槽用螺栓多用于需经常拆开连接的地方；地脚螺栓用于水泥基础中固定机架或电动机底座。其规格性能见 GB 798、GB 799 等。

5）钢结构用高强度螺栓连接副：一般用于建筑、桥梁、塔架、管道支架及起重机械等钢结构的摩擦型连接的场合，见 GB 3632 等。

（3）螺母

1）一般用途螺母：品种很多，有六角螺母、方螺母等。六角螺母配合六角螺栓应用最普遍，按制造精度和产品质量分为 A、B、C 级等产品等级。六角薄螺母在防松装置中用作副螺母，起锁紧作用，或用于螺纹连接副主要承受剪切力的地方。六角厚螺母多用于经常拆卸的连接中。方螺母与方头螺栓配用，扳手卡住不易打滑，多用于粗糙、简单的结构。其规格性能见 GB 41、GB 6170～GB 6177 等。

2）开槽螺母：主要指六角开槽螺母，即在六角螺母上方加工出槽。它与螺杆带孔螺栓和开口销配合使用，以防止螺栓与螺母相对转动，见 GB 6178～GB 6181 等。

3）锁紧螺母：指具有锁紧功能的螺母，有尼龙嵌件六角锁紧螺母和全金属六角锁紧螺母等。六角尼龙圈锁紧螺母具有非常可靠的防松能力，在使用温度－60～＋100℃和一定的介质条件下，具有不损坏螺栓及被连接件和可以频繁装卸等特点。见 GB 889、GB 6182～GB 6187 等。

4）特殊用途螺母：如蝶形螺母、盖形螺母、滚花螺母和嵌装螺母等。蝶形螺母一般不用工具即可拆装，通常用于需经常拆开和受力不大的地方；盖形螺母用在端部螺扣需要罩盖的地方。见 GB 62、GB 63、GB 802、GB 923、GB 806、GB 807、GB 809 等。

（4）螺钉

1）机器螺钉：因头形和槽形不同而分成许多品种。头形有圆柱头、盘头、沉头和半沉头几种，头部槽形一般为开槽（一字槽）、十字槽和内六角槽三种。十字槽螺钉施拧时对中性好，头部强度比一字槽的大，不易拧秃，一般多用于大批量生产中。内六角螺钉、内六角花形螺钉可施加较大的拧紧力矩，连接强度大，头部能埋入机体内，用于要求结构紧凑、外形平滑的连接处。见 GB 65、GB 67～GB 69 及 GB 818～GB 820 等。

2）紧定螺钉：紧定螺钉作固定零件相对位置用，头部有带一字槽的、内六角的和方头等类型。方头可施加较大的拧紧力矩，顶紧力大，不易拧秃，但头部尺寸较大，不便埋入零件内，不安全，特别是运动部位不宜使用。带一字槽的、内六角的则便于沉入零件。紧定螺钉末端根据使用要求的不同，一般最常用的有锥端、平端、圆柱端三种。锥端适用于硬度小的零件；使用无尖的锥端螺钉时，在零件的顶紧面上要打坑眼，使锥面压在坑眼边上。末端为平端的螺钉，接触面积大，顶紧后不损伤零件表面，用于顶紧硬度较大的平面或经常调节位置的场合。末端为圆柱端的螺钉不损伤零件表面，多用于固定装在管轴（薄壁件）上的零件，圆柱端顶入轴上的孔眼中，靠圆柱端的抗剪切作用，可传递较大的载荷。见 GB 71、GB 73～GB 75、GB 77～GB 78 等。

3）内六角螺钉：内六角螺钉适用于安装空间较小或螺钉头部需要埋入的场合，见

GB 70、GB 6190～GB 6191 和 GB 2672～GB 2674 等。

4）特殊用途的螺钉：如定位螺钉、不脱出螺钉和吊环螺钉，见 GB 72、GB 828～GB 829、GB 837～GB 839、GB 948、GB 949 和 GB 825 等。

（5）螺柱

1）不等长双头螺柱：适用于一端拧入部件机体起连接或紧固作用的场合，见 GB 897～GB 900。

2）等长双头螺柱：适用于两端与螺母相配起连接或定距作用，见 GB 901、GB 953等。

（6）木螺钉

因头形和槽形不同而分成许多品种。头型有圆头、沉头、半沉头等几种，头部槽形为开槽（一字槽）和十字槽两种，见 GB 99～GB 101、GB 950～GB 952。

（7）自攻螺钉

1）普通自攻螺钉：螺纹符合 GB 5280，螺距大，适合在薄钢板或铜、铝、塑料上使用，见 GB 845～GB 847，GB 5282～GB 5284 等。

2）自攻锁紧螺钉：螺纹符合普通米制粗牙螺纹，适合在需耐振动场合使用，见 GB 6560～GB 6564。

（8）垫圈

1）平垫圈：用以克服工件支承面不平和增大支承面应力面积，见 GB 848、GB 95～GB 97 和 GB 5287。

2）弹簧（弹性）垫圈：弹簧垫圈靠弹性及斜口摩擦防止紧固件的松动，广泛用于经常拆卸的连接处。内齿弹性垫圈、外齿弹性垫圈圆周上具有很多锐利的弹性翘齿，刺压在支承面上，能阻止紧固件的松动。内齿弹性垫圈用于头部尺寸较小的螺钉头下；外齿弹性垫圈多用于螺栓头和螺母下。带齿的弹性垫圈比普通弹簧垫圈体积小，紧固件受力均匀，防止松动也可靠，但不宜用于常拆卸处。见 GB 93、GB 859～GB 860 和 GB 955。

3）止退垫圈：有内齿锁紧垫圈、外齿锁紧垫圈、单耳止动垫圈、双耳止动垫圈和圆螺母用止动垫圈等。单耳和双耳止动垫圈允许螺母拧紧在任意位置加以锁定，但紧固件需靠边缘处为宜，见 GB 861、GB 862、GB 854、GB 855、GB 858 等。

4）斜垫圈：为了适应工作支承面的斜度，可使用斜垫圈。方斜垫圈用来将槽钢、工字钢翼缘之类倾斜面垫平，使螺母支承面垂直于钉杆，避免螺母拧紧时使螺杆受弯曲力，见 GB 852、GB 853 等。

（9）挡圈

1）弹性挡圈：轴用和孔用弹性挡圈卡在轴槽或孔槽中供滚动轴承装入后止退用，另外还有轴用开口挡圈，主要用来卡在轴槽中作零件定位用，但不能承受轴向力，见 GB 893、GB 894 和 GB 896。

2）钢丝挡圈：有孔用（轴用）钢丝挡圈及钢丝锁圈。钢丝挡圈装在轴槽或孔槽中供零件定位用，同时亦可承受一定的轴向力，见 GB 895.1、GB 895.2、GB 921。

3）轴类件用锁紧挡圈：有用锥销锁紧的挡圈和用螺钉锁紧的挡圈，主要用于防止轴上零件的轴向移动，见 GB 883～GB 892。

4）轴端挡圈：有用螺钉紧固的轴端挡圈和用螺栓紧固的轴端挡圈，主要用来锁紧固定在轴端的零件，见 GB 883～GB 982。

（10）销

1）圆柱销：圆柱销多用于轴上固定零件，传递动力，或作定位元件。圆柱销有不同直径公差，可供不同配合要求使用。圆柱销一般靠过盈固定在孔中，因此不宜多拆卸。见 GB 119～GB 120、GB 878～GB 880 等。

2）圆锥销：圆锥销具有 1∶50 的锥度，便于安装对眼，也可保证自锁，一般用作定位元件和连接元件，多用于要求经常拆卸的地方。内螺纹圆锥销和螺尾锥销，用于不穿通的孔或者用于很难打出销钉的孔中。开尾圆锥销打入孔中后末端可张开，防止销钉本身从孔内滑出，见 GB 117～GB 118、GB 881 和 GB 877 等。

圆柱销和各种圆锥销的销孔，一般都需经过铰孔加工，多次装拆后会降低定位的精度和连接的紧固，只能传递不大的载荷。弹性圆柱销本身具有弹性，装在孔中保持有张力，不易松脱，拆卸方便，且不影响配合性质，销孔不需铰制。带孔销和销轴，都用于铰连接处。

3）开口销：开口销是连接机件的防松装置，使用时穿入螺母、带销孔的螺栓或其他连接件的销孔中，然后把脚分开，见 GB 91。

（11）铆钉

1）热锻成型铆钉：一般规格较大，多用于机车、船舶及锅炉等，通常需通过热锻使头部成型，见 GB 863～GB 866。

2）冷镦成型铆钉：一般直径规格为 16mm，通常通过冷镦使头部成型，见 GB 867～GB 870、GB 109 等。

3）空心和半空心铆钉：空心铆钉用于受剪力不大处，常用来连接塑料、皮革、木料、帆布等非金属零件。

3.2.2 锚栓

1. 定义

将被连接件锚固到已硬化的混凝土基材上的锚固组件。

2. 产品分类

建筑锚栓按其工作原理及构造分为以下四类。

（1）膨胀型锚栓（简称膨胀锚栓）

膨胀锚栓是利用膨胀锥与套筒的相对位移，促使套筒膨胀，与混凝土孔壁产生膨胀挤压力，并通过剪切摩擦作用产生抗拔力，实现对固定件的锚固。膨胀型锚栓按套筒膨胀方式的不同分为：扭矩控制式和位移控制式两种。

（2）扩孔型锚栓

扩孔型锚栓是通过钻孔底部混凝土的扩孔，利用扩孔后形成的混凝土斜面与锚栓膨胀锥之间的机械互锁，实现对结构固定件的锚固。扩孔型锚栓锚固力的产生主要是膨胀锥与混凝土锥孔间的直接压力，而不单是间接膨胀摩擦力，因此，膨胀挤压力较小。

扩孔型锚栓按扩孔方式的不同分为：

1）预扩孔普通锚栓：用专用钻具预先扩孔。

2）自扩孔专用锚栓：锚栓自带刀具，安装时自行扩孔，扩孔安装一次完成。

（3）粘结型锚栓

粘结型锚栓是通过特制的化学胶粘剂（锚固胶），将螺杆及内螺纹管胶结固定于混凝土基材钻孔中，通过胶粘剂与锚栓及胶粘剂与混凝土孔壁间的粘结与锁键作用，实现对固定件的锚固。

（4）化学植筋

化学植筋是通过化学胶粘剂（锚固胶）将带肋钢筋胶结固定于混凝土基材钻孔中，通过粘结与锁键作用，实现带肋钢筋的锚固。

3. 适用范围

（1）膨胀型锚栓、扩孔型锚栓、粘结型锚栓、化学植筋等的适用范围，可用作非结构构件的后锚固连接，也可用作受压、中心受剪（$c \geqslant 10h_{ef}$）、压剪组合的结构构件的后锚固连接（c 为距边距离，h_{ef} 为锚栓埋植深度）。各类锚栓的特许适用和限定范围。

注：非结构构件包括建筑非结构构件（如围护外墙、隔墙、幕墙、吊顶、广告牌、储物柜架等）及建筑附属机电设备的支架（如电梯，照明和应急电源，通信设备，管道系统，采暖和空调系统，烟火监测和消防系统，公用天线等）等。

（2）膨胀型锚栓，不适用于受拉、边缘受剪（$c<10h_{ef}$）、拉剪复合受力的结构构件及生命线工程非结构构件的后锚固连接。

（3）扩孔型锚栓，可有条件应用于无抗震设防要求的受拉、边缘受剪、拉剪复合受力的结构构件的后锚固连接；当有抗震设防要求时，应保证仅发生锚固系统延性破坏，方可有条件应用。

注：有条件应用是指该锚栓锚固性能除满足相应产品标准及工程实际要求外，还应有充分的试验依据、可靠的构造措施和工程经验，并经国家指定的机构技术认证许可。

（4）粘结型锚栓，不适用于受拉、边缘受剪（$c<10h_{ef}$）、拉剪复合受力的结构构件及生命线工程非结构构件的后锚固连接；除专用开裂粘结型锚栓外，一般粘结型锚栓不宜用于开裂混凝土基材的非结构构件的后锚固连接。

（5）满足锚固深度要求的化学植筋及螺杆，可应于抗震设防烈度≤8 度的受拉、边缘受剪、拉剪复合受力的结构构件及非结构构件的后锚固连接。

4. 产品标准

（1）《混凝土用膨胀型锚栓及扩孔型建筑锚栓》（JG 160—2004）。

（2）《混凝土结构后锚固技术规程》（JGJ 145—2004）。

5. 产品的主要技术要求

（1）材料性能和防腐要求。

建筑锚栓的材质分为碳素钢、不锈钢或合金钢，均应符合国家相关标准。锚栓防腐要求应根据环境条件及耐久性要求按表 3-8 规定选用相应的品种。锚栓的锚固性能必须可靠，各项指标应符合现行行业标准《混凝土用膨胀型、扩孔型建筑锚栓》（JG 160—2004）产品标准及产品技术论证许可证书的规定。

（2）化学植筋的钢筋采用 HRB335 级和 HRB400 级热轧带肋钢筋；螺杆采用 Q235 级钢和 Q345 级钢。

（3）化学植筋及粘结锚栓所用锚固胶的锚固性能应通过专门的试验确定，并应符合现行行业标准《混凝土结构后锚固技术规程》（JGJ 145—2004）和锚固胶的产品说明书的规定。锚固胶按使用形态的不同分为管装式、机械注入式和现场配制式，应根据使用对象的特征和现场条件合理选用。

锚栓防腐要求 **表 3-8**

环境条件	防腐要求
室内正常湿度，或混凝土保护层≥30mm厚	5～10μm镀锌、镀铜
室内潮湿环境，偶有冷凝物，或在沿海地区或室外有少量腐蚀性气体	≥45μm热浸镀锌
室内极度潮湿，有大量冷凝物或室外有腐蚀性气体	不锈钢
环境条件	防腐要求

6. 设计选用要点

（1）后锚固连接设计应遵照《混凝土结构后锚固技术规程》（JGJ 145—2004）的规定，一般应根据被连接件的结构类型，锚栓的受力性质，有无抗震设防要求以及既有混凝土结构有无开裂等情况，按规定选用建筑锚栓类型。

（2）锚固承载力应按下式计算。

$$\gamma_M S \leqslant R$$

式中 γ_M——锚固连接重要性系数。对安全等级为一级（重要锚固）、二级（一般锚固）的锚固分别取 $\gamma_M=1.2$、1.1；

S——作用在锚固连接上的荷载效应基本组合或偶然组合设计值；

R——锚固承载力设计值；$R=R_k/\gamma_R^*$；

R_k——锚固承载力标准值；

γ_R^*——锚固承载力分项系数，按表 3-9 选用。

锚固承载力分项系数 γ_R^* **表 3-9**

项次	符号	锚固破坏类型＼被连接结构类型	结构构件	非结构构件
1	$\gamma_{Rc,N}$	混凝土锥体受拉破坏	3.0	2.15
2	$\gamma_{Rc,V}$	混凝土楔形体受剪破坏	2.5	1.8
3	γ_{Rp}	粘结型锚栓及植筋拔出破坏	3.0	2.15
4	γ_{Rsp}	混凝土劈裂破坏	3.0	2.15
5	γ_{Rcp}	混凝土剪撬破坏	2.5	1.8
6	$\gamma_{Rs,N}$	锚栓钢材受拉破坏	$1.3f_{stk}/f_{yk}\geqslant1.55$	$1.2f_{stk}/f_{yk}\geqslant1.4$
7	$\gamma_{Rs,V}$	锚栓钢材受剪破坏	$1.3f_{stk}/f_{yk}\geqslant1.4$（$f_{stk}\leqslant800$MPa且$f_{yk}/f_{stk}\leqslant0.8$）	$1.2f_{stk}/f_{yk}\geqslant1.25$（$f_{stk}\leqslant800$MPa且$f_{yk}/f_{stk}\leqslant0.8$）

注：表中 f_{stk}为锚栓钢材抗拉强度标准值；f_{yk}为锚栓钢材屈服强度标准值。

（3）为简化设计，方便正确选用各类锚栓产品，在同等条件上清晰的认识、合理区别锚栓产品的性能指标，在企业产品技术资料中列出的锚栓承载力设计值均根据非结构构件、C20开裂混凝土、$c_1=c_{c_{rN}}$、$s_1=s_{c_{rN}}$等条件，用国家建筑标准设计图集《混凝土后锚固连接构造》中的简化计算方法计算确定。当锚栓使用条件不符时，应按该图集中提供的锚栓承载力简化计算方法进行修改。

（4）对受拉、边缘受剪、拉剪组合的结构构件及生命线工程非结构构件的锚固连接，宜控制为锚栓或植筋钢材破坏，不宜控制为混凝土基材破坏；对于膨胀型锚栓及扩孔型锚栓锚固连接，不应发生整体拔出破坏，不宜产生锚杆穿出破坏；对于粘结型锚栓，不宜产生拔出破坏；对于满足锚固深度要求的化学植筋及螺杆，不应产生混凝土基材破坏及拔出破坏（包括沿胶筋界面破坏和胶混界面破坏）。

（5）考虑地震作用组合的锚栓连接承载力应按下式计算。摩擦力不得作为抵抗地震作用的抗力。

$$s \leqslant kR/\gamma R_E$$

式中 s——锚固连接地震作用效应和其他荷载效应的基本组合；

R——承受静力荷载时锚栓连接承载力设计值；

γR_E——承载力抗震调整系数，取 $\gamma R_E=1$；

k——考虑地震作用组合时锚栓连接承载力降低系数，应由锚栓生产厂家通过系统的试验认证后提供，在无系统试验情况下，可按表 3-10 采用。

地震作用下锚栓连接承载力降低系数 k 表 3-10

受力性质 / 破坏形态及锚栓类型		受拉	受剪
锚栓或植筋钢材破坏		1.0	1.0
混凝土基材破坏	扩孔型锚栓	0.8	0.7
	膨胀型锚栓	0.7	0.6
	粘结型锚栓或植筋	0.7	0.5

（6）抗震锚固连接锚栓的最小有效锚固深度 h_{ef}/d 宜满足表 3-11 的规定，当有充分试验依据及可靠工程经验并经国家指定机构认证许可时可不受其限制。

抗震锚固连接锚栓的最小有效锚固深度 h_{ef}/d 表 3-11

<table>
<tr><th rowspan="2">锚栓类型</th><th rowspan="2">设防烈度</th><th rowspan="2">基材裂否</th><th colspan="5">锚栓受拉、边缘受剪、拉剪复合受力的结构构件连接及生命线工程非结构构件连接</th><th colspan="5">非结构构件连接及受压、中心受剪、压剪复合受力的结构构件连接</th></tr>
<tr><th>C20</th><th>C30</th><th>C40</th><th>C50</th><th>C60</th><th>C20</th><th>C30</th><th>C40</th><th>C50</th><th>C60</th></tr>
<tr><td rowspan="4">化学植筋及螺杆</td><td>≤6</td><td rowspan="2">未裂</td><td>12</td><td>11</td><td>10</td><td colspan="2">9</td><td>11</td><td>10</td><td>9</td><td colspan="2">8</td></tr>
<tr><td>7~8</td><td>13</td><td>12</td><td>11</td><td colspan="2">10</td><td>12</td><td>11</td><td>10</td><td colspan="2">9</td></tr>
<tr><td>≤6</td><td rowspan="2">开裂</td><td>26</td><td>22</td><td>19</td><td>17</td><td>15</td><td>24</td><td>20</td><td>17</td><td>15</td><td>14</td></tr>
<tr><td>7~8</td><td>29</td><td>24</td><td>21</td><td>18</td><td>16</td><td>26</td><td>22</td><td>19</td><td>17</td><td>15</td></tr>
<tr><td rowspan="4">粘结型锚栓</td><td>≤6</td><td rowspan="2">未裂</td><td colspan="5" rowspan="4">不宜采用</td><td>11</td><td>10</td><td>9</td><td colspan="2">8</td></tr>
<tr><td>7~8</td><td>12</td><td>11</td><td>10</td><td colspan="2">9</td></tr>
<tr><td>≤6</td><td rowspan="2">开裂</td><td>24</td><td>20</td><td>17</td><td>15</td><td>14</td></tr>
<tr><td>7~8</td><td>26</td><td>22</td><td>19</td><td>17</td><td>15</td></tr>
</table>

续表

<table>
<tr><th rowspan="2">锚栓类型</th><th rowspan="2">设防烈度</th><th rowspan="2">基材裂否</th><th colspan="5">锚栓受拉、边缘受剪、拉剪复合受力的结构构件连接及生命线工程非结构构件连接</th><th colspan="5">非结构构件连接及受压、中心受剪、压剪复合受力的结构构件连接</th></tr>
<tr><th>C20</th><th>C30</th><th>C40</th><th>C50</th><th>C60</th><th>C20</th><th>C30</th><th>C40</th><th>C50</th><th>C60</th></tr>
<tr><td rowspan="3">扩孔型锚栓</td><td>≤6</td><td colspan="6">8</td><td colspan="5">4</td></tr>
<tr><td>7</td><td colspan="6" rowspan="2">10</td><td colspan="5">5</td></tr>
<tr><td>8</td><td colspan="5">6</td></tr>
<tr><td rowspan="3">膨胀型锚栓</td><td>≤6</td><td colspan="6" rowspan="3">不 宜 采 用</td><td colspan="5">5</td></tr>
<tr><td>7</td><td colspan="5">6</td></tr>
<tr><td>8</td><td colspan="5">7</td></tr>
</table>

注：植筋及螺杆系指 HRB335 级钢材，锚栓系指 5.6 级钢材，对于非 HRB335 级和 5.6 级钢材，锚固深度应作相应增减；d 为锚栓杆或植筋直径（mm）

7. 构造要求

（1）混凝土基材的厚度 h 应满足下列规定：

1）对于膨胀型锚栓和扩孔型锚栓，$h \geqslant 1.5h_{ef}$ 且 $h > 100$mm；

2）对于粘结型锚栓及化学植筋，$h \geqslant h_{ef}+2d_o$ 且 $h > 100$mm，其中 h_{ef} 为锚栓的埋置深度，d_0 为锚孔直径。

（2）群锚锚栓最小间距值 s_{min} 和最小边距值 c_{min}，应由厂家通过国家授权的检测机构的检验分析后给定，否则不应小于下列数值：

1）膨胀型锚栓：$s_{min} \geqslant 10d_{nom}$；$c_{min} \geqslant 12d_{nom}$；

2）扩孔型锚栓：$s_{min} \geqslant 8d_{nom}$；$c_{min} \geqslant 10d_{nom}$；

3）粘结型锚栓及植筋：$s_{min} \geqslant 5d$；$c_{min} \geqslant 5d$。

其中 d_{nom} 为锚栓外径。

（3）锚栓在基材结构中所产生的附加剪力 $V_{Sd,a}$ 及锚栓与外荷载共同作用所产生的组合剪力 V_{Sd}，应满足下列规定：

$$V_{Sd,a} \leqslant 0.16 f_t b h_0$$

$$V_{Sd} \leqslant V_{Rd,b}$$

式中 $V_{Rd,b}$——基材构件受剪承载力设计值；

f_t——基材混凝土轴心抗拉强度设计值；

b——构件宽度；

h_0——构件截面计算高度。

（4）锚栓不得布置在混凝土的保护层中，有效锚固深度 h_{ef} 不得包括装饰层或抹灰层。

（5）处在室外条件的被连接钢构件，其锚板的锚固方式应使锚栓不出现过大交变温度应力，在使用条件下，应控制受力最大锚栓的温度应力变幅 $\Delta\sigma=\sigma_{max}-\sigma_{min} \leqslant 100$MPa。

（6）一切外露的后锚固连接件，应考虑环境的腐蚀作用及火灾的不利影响，应有可靠的防腐、防火措施。

3.3 焊接材料的选用

3.3.1 手工电弧焊焊条

手工电弧焊亦称焊条电弧焊，是利用焊条和焊件之间的电弧热使金属和母材熔化形成焊缝的一种焊接方法。焊接过程中，在电弧高热作用下，焊条和被焊金属局部熔化。由于电弧的吹力作用，在被焊金属上形成了一个椭圆形充满液体金属的凹坑，这个凹坑称为熔池。同时熔化了的焊条金属向熔池过渡。焊条药皮熔化过程中产生一定量的保护气体和液态熔渣。产生的气体充满在电弧和熔池周围，起隔绝大气的作用。液态熔渣浮起盖在液体金属上面，也起着保护液体金属的作用。熔池中液态金属、液态熔渣和气体间进行着复杂的物理、化学反应，称为冶金反应。这种反应起着精炼焊缝金属的作用，能够提高焊缝的质量。焊接材料选用原则，是使用的焊条或焊丝应与被焊件钢材的强度和性能相适应。焊接材料分别为：碳素钢焊条和低合金高强钢焊条。

1. 碳素钢焊条

作为钢结构制造中最常用的焊接方法—手工电弧焊，所用的焊条型号根据国家标准《碳钢焊条》（GB/T 5117—1995）规定，按熔敷金属的力学性能、药皮类型、焊接位置和焊接电流种类划分见表 3-12。

碳素钢焊条型号及分类（GB/T 5117—1995） 表 3-12

焊条型号		药皮类型	焊接位置	焊接电源	说　明
E43	E50				
E4300		特殊型	全位置焊接	交流或直流正、反接	—
E4301	E5001	钛铁矿型	全位置焊接	交流或直流正、反接	含钛铁矿≥30%，主要焊接较重要的碳钢结构
E4303	E5003	钛钙型	全位置焊接	交流或直流正、反接	含30%以上氧化钛和20%以下钙或镁的碳酸盐矿，用途同上
E4310	E5010	高纤维素钠型	全位置焊接	直流反接	含纤维素较高，通常限制采用大电流焊接，特别适用有较高射线探伤要求的焊缝，主要焊接一般碳钢结构，如管道焊接、打底焊接等
E4311	E5011	高纤维素钾型	全位置焊接	交流或直流反接	药皮添加少量钙与钾的化合物，用途同E4310、E5010
E4312		高钛钠型	全位置焊接	交流或直流正接	含35%以上氧化钛以及少量纤维素、锰铁、硅酸盐及钠水玻璃，用于一般碳钢结构、薄板结构盖面焊缝
E4313		高钛钾型	全位置焊接	交流或直流正、反接	在E4312焊条药皮基础上加钾水玻璃电弧比E4312稳定，用途同E4312
	E5014	铁粉钛型	全位置焊接	交流或直流正、反接	在与E4313药皮相似基础上添加铁粉，主要焊接一般碳钢结构

焊条型号		药皮类型	焊接位置	焊接电源	说　明
E43	E50				
E4315	E5015	低氢钠型	全位置焊接	直流反接	药皮主要为碳酸盐矿和萤石、碱度较高、要求焊条干燥、并采用短弧焊，主要用于焊接较重要的碳钢结构，也可焊接与焊条强度相对的低合金结构
E4316	E5016	低氢钾型	全位置焊接	交流或直流反接	在与E4315、E5015药皮相似基础上添加了钾水玻璃等，电弧较稳定。具有良好抗裂性能和力学性能，用途同E4315、E5015
	E5018	铁粉低氢钾型	全位置焊接	交流或直流反接	在与E5015、E5016焊条药皮相似基础上添加了20%左右铁粉，焊接时应采用短弧，熔敷效率较高，用途同上
	E5018M	铁粉低氢型	全位置焊接	直流反接	低温冲击韧性较好，耐吸潮性优于E5018，主要焊接碳钢、高强度低合金和高碳钢结构
E4320		氧化铁型	平焊	交直流正、反接	含丰富的氧化铁及较多锰铁脱氧剂，不宜焊薄板，主要焊接较重要的碳钢结构
			水平角焊	交流或直流正接	
E4322		氧化铁型	平焊	交流或直流正接	适用于薄板的高速焊、单道焊，主要焊接碳钢的薄钢板
E4323	E5023	铁粉钛钙型	平焊、水平角焊	交流或直流正、反接	药皮类型及工艺性能与E4303相似，主要焊接重要的碳钢结构
E4324	E5024	铁粉钛型	平焊、水平角焊	交流或直流正、反接	药皮与E5014相似，但铁粉量比E5014多，主要焊接一般碳钢结构
E4327		铁粉氧化铁型	平焊	交或直流正反接	药皮在与E4320基础上添加了大量铁粉，主要用于焊接重要的碳钢结构
			水平角焊	交或直流正接	
	E5027	铁粉氧化铁型	平焊、水平角焊	交或直流正接	药皮在与E4320基础上添加了大量铁粉，主要用于焊接重要的碳钢结构
E4328	E5028	铁粉低氢型	平焊、水平角焊	交流或直流反接	药皮与E5016相似，添加大量铁粉，药皮厚，主要用于焊接重要的碳钢结构，也可焊接与焊条强度相当的低合金结构
	E5048	铁粉低氢型	同E5018	同E5018	具有良好的向下立焊性能，其余同E5018

注：1. 表中焊条型号的含义为：字母E表示焊条，其后为四位数字中的前两位数字熔敷金属抗拉强度的最小值，第三位数字表示焊条的焊接位置，其中“0”及“1”表示焊条适用于全位置焊接，“2”表示焊条适用于平焊及水平角焊，“4”表示焊条适用于向下立焊；第三位和第四位数字组合时，表示焊接电流种类及药皮类型。第四位数字后附加“R”表示耐吸潮焊条；附加“M”表示耐吸潮和力学性能有特殊规定的焊条；附加“−1”表示冲击性能有特殊规定的焊条。

E4315、E5015分别表示熔敷金属抗拉强度≥420MPa（43kg·f/mm^2）及490MPa（50kg·f/mm^2），适用于全位置焊接，焊药为低氢钠型，采用直流反接焊接的焊条。

2. 直径不大于4.0mm的E5014、EXX15、EXX16、E5018和E5018M型焊条，及直径不大于5.0mm的其他型号焊条适用于立焊和仰焊。

碳素钢焊条熔敷金属化学成分和拉伸性能、冲击性能及焊缝金属射线探伤等级分别见表 3-13～表 3-15。

碳素钢熔敷金属化学成分和拉伸性能表 **表 3-13**

<table>
<tr><th rowspan="4">焊条型号</th><th colspan="10">化学成分(%)</th><th colspan="5">拉伸性能</th></tr>
<tr><th rowspan="2">C</th><th rowspan="2">Mn</th><th rowspan="2">Si</th><th rowspan="2">S</th><th rowspan="2">P</th><th rowspan="2">Ni</th><th rowspan="2">Cr</th><th rowspan="2">Mo</th><th rowspan="2">V</th><th rowspan="2">Mn、Ni、Cr、Mo、V 总量</th><th colspan="2">抗拉强度 f_u</th><th colspan="2">屈服强度 f_y</th><th rowspan="2">伸长率 δ_s (%)</th></tr>
<tr><th>(N/mm²)</th><th>(kg·f/mm²)</th><th>(N/mm²)</th><th>(kg·f/mm²)</th></tr>
<tr><th colspan="10">≤</th><th colspan="5">≥</th></tr>
<tr><td>E4300、E4301、E4303、E4310、E4311、E4320、E4323、E4327</td><td colspan="3" rowspan="3">—</td><td rowspan="4">0.035</td><td rowspan="4">0.040</td><td colspan="5" rowspan="3">—</td><td rowspan="4">420</td><td rowspan="4">43</td><td rowspan="2">330</td><td rowspan="2">34</td><td>22</td></tr>
<tr><td>E4312、E4313、E4324</td><td>17</td></tr>
<tr><td>E4322</td><td colspan="3">不要求</td></tr>
<tr><td>E4315、E4316、E4328</td><td>—</td><td>1.25</td><td>0.9</td><td>0.3</td><td>0.2</td><td>0.2</td><td>0.08</td><td>1.50</td><td>330</td><td>34</td><td>22</td></tr>
<tr><td>E5001、E5003 E5010、E5011</td><td colspan="3">—</td><td rowspan="4">0.035</td><td rowspan="4">0.040</td><td colspan="5">—</td><td rowspan="5">490</td><td rowspan="5">50</td><td rowspan="4">400</td><td rowspan="4">41</td><td>20</td></tr>
<tr><td>E5015、E5016 E5018、E5027</td><td>—</td><td>1.60</td><td>0.75</td><td rowspan="3">0.3</td><td rowspan="3">0.2</td><td rowspan="3">0.3</td><td rowspan="3">0.8</td><td>1.75</td><td>22</td></tr>
<tr><td>E5014、E5023 E5024</td><td>—</td><td>1.25</td><td>0.9</td><td>1.5</td><td>17</td></tr>
<tr><td>E5020、E5048</td><td>—</td><td>1.6</td><td>0.9</td><td>1.75</td><td>22</td></tr>
<tr><td>E5018M</td><td>0.12</td><td>0.4～1.6</td><td>0.8</td><td>0.02</td><td>0.03</td><td>0.25</td><td>0.15</td><td>0.35</td><td>0.05</td><td>—</td><td>365～500</td><td>37～51</td><td>24</td></tr>
</table>

注：E5024-1 型焊条伸长率最低值为 22%；直径为 2.5mm 的 E5018M 焊条屈服强度不大于 530MPa（54kg·f/mm²）。

熔敷金属冲击性能 **表 3-14**

<table>
<tr><th>焊条型号</th><th>夏比 V 形缺口冲击功 (≥J)</th><th>试验温度(℃)</th></tr>
<tr><td>EXX10、EXX11、EXX15、EXX16、EXX18、EXX27、E5048</td><td rowspan="2">27①</td><td>−30</td></tr>
<tr><td>XX01、EXX28、EX024-1</td><td>−20</td></tr>
<tr><td>E4300、EXX03、EXX23</td><td rowspan="2">27①</td><td>0</td></tr>
<tr><td>E5015-1、E5016-1、E5018-1</td><td>−46</td></tr>
<tr><td>E5018M</td><td>67②</td><td>−30</td></tr>
<tr><td>E4312，E4313，E4320 E4322，E5024，EXX24</td><td colspan="2">—</td></tr>
</table>

①计算 5 个试样中 3 个值的平均值时，应去掉 5 个值中的最大、最小值，且余下的 3 个值中要有两个不大于 27J，另一个值不小于 20J。

② 用 5 个试样的值计算平均值，该 5 个值中要有 4 个不小于 67J，另一个值不小于 54J。

焊缝金属射线探伤等级　　表 3-15

焊条型号	焊缝金属射线探伤底片要求
EXX01,EXX15,EXX16,E5018,E5018M,E4320 E5048	Ⅰ级
E4300,EXX03,EXX10,EXX11,E4313 E5014,EXX23,EXX24,EXX27,EXX28	Ⅱ级
E4312,E4322	—

2. 低合金结构钢焊条

根据现行国家标准《低合金钢焊条》(GB/T 5118—1995)，其焊条型号、分类及熔敷金属拉伸性能见表 3-16，其化学成分、冲击性能、焊缝射线探伤等级见表 3-17～表 3-19。

焊条型号、分类及熔敷金属拉伸性能（GB/T 5118—1995）　　**表 3-16**

<table>
<tr><th>焊条型号</th><th>药皮类型</th><th>焊接位置</th><th>电流种类</th><th>抗拉强度 δ_b (MPa)</th><th>屈服强度 $\delta_{0.2}$ (MPa)</th><th>伸长率 δ_s (%)</th></tr>
<tr><td>E5003-X</td><td>钛钙型</td><td rowspan="6">全位置焊接</td><td>交流或直流正、反接</td><td rowspan="10">490(50)</td><td rowspan="10">390(40)</td><td>20</td></tr>
<tr><td>E5010-X</td><td>高纤维素纳型</td><td>直流反接</td><td rowspan="9">22</td></tr>
<tr><td>E5011-X</td><td>高纤维素纳型</td><td>交流或直流反接</td></tr>
<tr><td>E5015-X</td><td>低氢钠型</td><td>直流反接</td></tr>
<tr><td>E5016-X</td><td>低氢钾型</td><td>交流或直流反接</td></tr>
<tr><td>E5018-X</td><td>铁粉低氢型</td><td>交流或直流反接</td></tr>
<tr><td rowspan="2">E5020-X</td><td rowspan="2">高氧化铁型</td><td>水平角焊</td><td>交流或直流正接</td></tr>
<tr><td>平焊</td><td>交流或直流正、反接</td></tr>
<tr><td rowspan="2">E5027-X</td><td rowspan="2">铁粉氧化铁型</td><td>水平角焊</td><td>交流或直流正接</td></tr>
<tr><td>平焊</td><td>交流或直流正、反接</td></tr>
<tr><td>E5500-X</td><td>特殊型</td><td rowspan="8">全位置焊接</td><td rowspan="2">交流或直流正、反接</td><td rowspan="6">540(55)</td><td rowspan="6">440(45)</td><td rowspan="2">16</td></tr>
<tr><td>E5503-X</td><td>钛钙型</td></tr>
<tr><td>E5510-X</td><td>高纤维素纳型</td><td>直流反接</td><td rowspan="2">17</td></tr>
<tr><td>E5511-X</td><td>高纤维素钾型</td><td>交流或直流反接</td></tr>
<tr><td>E5513-X</td><td>高钛钾型</td><td>交流或直流正、反接</td><td>16</td></tr>
<tr><td>E5515-X</td><td>低氢钠型</td><td>直流反接</td><td>17</td></tr>
<tr><td>E5516-X</td><td>低氢钾型</td><td rowspan="2">交流或直流反接</td><td rowspan="2">540(55)</td><td rowspan="2">440(45)</td><td rowspan="2">17</td></tr>
<tr><td>E5518-X</td><td>铁粉低氢型</td></tr>
<tr><td>E6000-X</td><td>特殊型</td><td rowspan="6">全位置焊接</td><td>交流或直流反接</td><td rowspan="7">590(60)</td><td rowspan="7">490(50)</td><td>14</td></tr>
<tr><td>E6010-X</td><td>高纤维素纳型</td><td>直流反接</td><td rowspan="2">15</td></tr>
<tr><td>E6011-X</td><td>高纤维素钾型</td><td>交流或直流反接</td></tr>
<tr><td>E6013-X</td><td>高钛钾型</td><td>交流或直流正、反接</td><td>14</td></tr>
<tr><td>E6015-X</td><td>低氢钠型</td><td>直流反接</td><td rowspan="2">15</td></tr>
<tr><td>E6016-X</td><td>低氢钾型</td><td>交流或直流反接</td></tr>
<tr><td>E6018-X</td><td>铁粉低氢型</td><td>全位置焊接</td><td>交流或直流反接</td><td>15</td></tr>
</table>

续表

<table>
<tr><th>焊条型号</th><th>药皮类型</th><th>焊接位置</th><th>电流种类</th><th>抗拉强度 δ_b
(MPa)</th><th>屈服强度 $\delta_{0.2}$
(MPa)</th><th>伸长率 δ_s
(%)</th></tr>
<tr><td>E7010-X</td><td>高纤维素纳型</td><td rowspan="6">全位置焊接</td><td>直流反接</td><td rowspan="6">690(70)</td><td rowspan="6">590(60)</td><td rowspan="2">15</td></tr>
<tr><td>E7011-X</td><td>高纤维素钾型</td><td>交流或直流反接</td></tr>
<tr><td>E7013-X</td><td>高钛钾型</td><td>交流或直流正、反接</td><td>13</td></tr>
<tr><td>E7015-X</td><td>低氢钠型</td><td>直流反接</td><td rowspan="3">15</td></tr>
<tr><td>E7016-X</td><td>低氢钾型</td><td rowspan="2">交流或直流反接</td></tr>
<tr><td>E7018-X</td><td>铁粉低氢型</td></tr>
</table>

注：1. 焊条型号后缀字母 X 代表熔敷金属化学成分分类代号，如 A1、B1、B2 等（见表 3-17）

2. 焊条型号的含义同表 3-12 注 1。

3. 直径不大于 4.0mm 的 EXX16-X、EXX16-X 及 EXX18-X 型焊条及直径不大于 5.0mm 的其他型号焊条仅适用于立焊和仰焊。

4. 表中的数值均为最小值。

5. E50XX-X 型焊后状态下的屈服强度不小于 410MPa（42kg・f/mm^2）。

低合金结构钢焊条熔敷金属化学成分 **表 3-17**

<table>
<tr><th rowspan="2">类别</th><th rowspan="2">焊条型号</th><th colspan="13">化学成分(%)</th></tr>
<tr><th>C</th><th>Mn</th><th>P</th><th>S</th><th>Si</th><th>Ni</th><th>Cr</th><th>Mo</th><th>V</th><th>Nb</th><th>W</th><th>B</th><th>Cu</th></tr>
<tr><td rowspan="8">碳钼钢焊条</td><td>E5010-A1</td><td rowspan="8">0.12</td><td rowspan="3">0.60</td><td rowspan="8">0.035</td><td rowspan="8">0.035</td><td rowspan="3">0.40</td><td rowspan="8">—</td><td rowspan="8">—</td><td rowspan="8">0.40～
0.65</td><td rowspan="8">—</td><td rowspan="8">—</td><td rowspan="8">—</td><td rowspan="8">—</td><td rowspan="8">—</td></tr>
<tr><td>E5011-A1</td></tr>
<tr><td>E5003-A1</td></tr>
<tr><td>E5015-A1</td><td rowspan="3">0.90</td><td rowspan="2">0.60</td></tr>
<tr><td>E5016-A1</td></tr>
<tr><td>E5018-A1</td><td>0.80</td></tr>
<tr><td>E5020-A1</td><td>0.60</td><td rowspan="2">0.40</td></tr>
<tr><td>E5027-A1</td><td>1.00</td></tr>
<tr><td rowspan="14">铬钼钢焊条</td><td>E5500-B1</td><td rowspan="6">0.05～
0.12</td><td rowspan="14">0.09</td><td rowspan="14">0.035</td><td rowspan="14">0.035</td><td rowspan="4">0.60</td><td rowspan="14">—</td><td rowspan="5">0.40～
0.65</td><td rowspan="11">0.40～
0.65</td><td rowspan="11">—</td><td rowspan="13">—</td><td rowspan="14">—</td><td rowspan="14">—</td><td rowspan="14">—</td></tr>
<tr><td>E5503-B1</td></tr>
<tr><td>E5515-B1</td></tr>
<tr><td>E5516-B1</td></tr>
<tr><td>E5518-B1</td><td>0.80</td></tr>
<tr><td>E5515-B2</td><td>0.60</td><td rowspan="9">0.80～
1.50</td></tr>
<tr><td>E5515-B2L</td><td>0.05</td><td></td></tr>
<tr><td>E5516-B2</td><td rowspan="2">0.05～
0.12</td><td>0.60</td></tr>
<tr><td>E5518-B2</td><td rowspan="2">0.80</td></tr>
<tr><td>E5518-B2L</td><td>0.05</td></tr>
<tr><td>E5500-B2-V</td><td rowspan="3">0.05～
0.12</td><td rowspan="3">0.60</td></tr>
<tr><td>E5515-B2-V</td><td rowspan="2">0.40～
0.65</td><td rowspan="2">0.10～
0.03</td></tr>
<tr><td>E5515-B2-VN</td><td>0.70～
1.00</td><td>0.15～
0.4</td><td>0.10～
0.25</td></tr>
</table>

续表

类别	焊条型号	化学成分(%)												
		C	Mn	P	S	Si	Ni	Cr	Mo	V	Nb	W	B	Cu
铬钼钢焊条	E5515-B2-VW		0.7~1.10					0.80~1.50	0.70~1.00	0.20~0.35			—	
	E55010-B3-VWB	0.05~0.12						1.50~2.50	0.30~0.80	0.25~0.50	—	0.25~0.50		
	E5515-B3-VWB		1.00			0.60						0.20~0.60	0.001~0.003	
	E55010-B3-VNB							3.40~3.00	0.70~1.00	0.25~0.50				
	E6000-B3													
	E6015-B3L	0.05		0.035	0.035	1.00	—							
	E6015-B3					0.60		2.00~2.50	0.90~1.20					
	E6016-B3	0.05~0.12	0.090							—				
	E6018-B3					0.80					0.35~0.65	—	—	
	E6018-B3L													
	E6015-B4L	0.05				1.00		1.75~2.25	0.40~0.65					
	E6016-B5	0.07~0.75	0.40~0.70			0.30~0.60		0.40~0.60	1.00~1.25	0.05				
锰钼钢焊条	E6015-D1		1.25~1.75			0.60								
	E6016-D1													
	E6018-D3	0.12				0.80								
	E5515-D3		1.00~1.75			0.60								
	5516-D3			0.035	0.035		—	—	0.25~0.45	—	—	—	—	—
	E5518-D3					0.80								
	E7015-D3		1.65~2.00			0.6								
	E7016-D2	0.15												
	E701-D2					0.80								

注：表中数值除特殊规定外，均为最大百分比。

熔敷金属冲击性能 **表 3-18**

焊条型号	夏比V形缺口冲击吸收功(J)不小于	试验温度(℃)	焊条型号	夏比V形缺口冲击吸收功(J)不小于	试验温度(℃)
E5015-A1	27	常温	E5518-NW E5515-C3 E5516-C3 E5518-C3	27	−40
E5016-A1					
E5018-A1					
E5515-B1					
E5516-B1					
E5518-B1					
E5515-B2					

续表

焊条型号	夏比V形缺口冲击吸收功(J)不小于	试验温度(℃)	焊条型号	夏比V形缺口冲击吸收功(J)不小于	试验温度(℃)
E5515-B2L	27	常温	E5516-D3 E5518-D3 D6015-D1 E6016-D1 E6018-D1	27	−30
E5516-B2					
E5518-B2					
E5518-B2L					
E5500-B2-V					
E5515-B2-V					
E5515-B2-VNB			E7015-D2 E7016-D2 E7018-D2	27	−30
E5515-B2-VW					
E5515-B3-VWB					
E5515-B3-VNB					
E6000-B3					
E6015-B3L					
E6015-B3			E6018-M E7018-M	27	−50
E6016-B3					
E6018-B3					
E6018-B3L					
E5515-B4L					
E5516-B5					

注：表中 E5518-NW 型焊条铝不大于 0.05%。

焊缝射线探伤等级 **表 3-19**

焊条型号	射线探伤等级	焊条型号	射线探伤要求
EX X15-X EX X16-X EX X18-X E5020-X	Ⅰ级	EX X00-X EX X03-X EX X10-X EX X11-X EX X13-X E5027-X	Ⅱ级

3. 结构钢材及手工电弧焊接材料的匹配（表 3-20）

常用结构钢材手工电弧焊接材料的选配 **表 3-20**

钢材							手工电弧焊焊条				
牌号	等级	抗拉强度[2] σ_b(MPa)	屈服强度[3] σ_s(MPa)		冲击功[3]		型号	熔敷金属性能[3]			
			$\delta \leqslant$ 16(mm)	$\delta >$ 50～100(mm)	T (℃)	A_{kV} (℃)		抗拉强度 σ_b (MPa)	屈服强度 σ_s (MPa)	延伸率 σ_s (%)	冲击功≥27J时试验温度(℃)
Q235	A	375～460	235	205[4]	—	—	E4303[1]	420	330	22	0
	B				20	27	E4303[1]				0
	C				0	27					−20
	D				−27	27	E4328 E4315 E4316				−30

续表

钢材							手工电弧焊焊条				
牌号	等级	抗拉强度② σ_b(MPa)	屈服强度③ σ_s(MPa)		冲击功③		型号	熔敷金属性能③			
			$\delta \leqslant$ 16(mm)	$\delta >$50～ 100(mm)	T (℃)	A_{kV} (℃)		抗拉强度 σ_b (MPa)	屈服强度 σ_s (MPa)	延伸率 σ_s (%)	冲击功≥27J 时试验 温度(℃)
Q295	A	390～570	295	235	—	—	E4303①	420	330	22	0
	B				20	34	E4315 E4316 E4328				−30 −20
Q345	A	470～630	345	275			E5003①	490	390	20	0
	B				20	34	E5003① E5015 E5016 E5018			22	−30
	C				0	24	E5015 E5016 E5018				
	D				−20	34					
	E				−40	27	②				②
Q390	A	490～650	390	330	—	—	E5015 E5016	490	390	22	−30
	B				20	34					
	C				0	34	E5515-D3、-G				
	D				−20	34	E5516-D3、-G	540	440	17	
	E				−40	27	②				②
Q420	A	520～680	420	360	—	—	E5515-D3、-G E5516-D3、-G	540	440	17	−30
	B				20	34					
	C				0	34					
	D				−20	34					
	E				−40	27	②				②
Q460	C	550～720	460	400	0	34	E6015-D1、-G E5516-D1、-G	590	490	15	−30
	D				−20	−34					
	E				−40	27	②				②

① 用于一般结构。

② 由供需双方协商。

③ 表中钢材及焊材熔敷金属力学性能的数值均为最小值。

④ 为板厚 $\delta >$60～100mm 时的值。

国产焊丝标准化学成分（GB/T 14957—1994） 表 3-21

钢种	牌号	C	Mn	Si	Cr	Ni	Mo	V	其他	S ≤	P ≤	用途
碳素结构钢	H08	≤0.10	0.30～0.55	≤0.03	≤0.20	≤0.30	—	—	—	0.040	0.040	用于碳素钢的电弧焊、气焊、埋弧焊、电渣焊和气体保护焊等
	H08A	≤0.10	0.30～0.55	≤0.03	≤0.20	≤0.30	—	—	—	0.030	0.030	
	H08E	≤0.10	0.30～0.55	≤0.03	≤0.20	≤0.30	—	—	—	0.025	0.025	
	H08 Mn	≤0.10	0.80～1.10	≤0.07	≤0.20	≤0.30	—	—	—	0.040	0.040	
	H08 MnA	≤0.10	0.80～1.10	≤0.07	≤0.20	≤0.30	—	—	—	0.030	0.030	
	H15A	0.11～0.18	0.35～0.65	≤0.03	≤0.20	≤0.30	—	—	—	0.030	0.030	
	H15 Mn	0.11～0.18	0.80～1.10	≤0.07	≤0.20	≤0.30	—	—	—	0.040	0.040	
合金结构钢	H10 Mn2	≤0.12	1.50～1.90	≤0.07	≤0.20	≤0.30	—	—	—	0.040	0.040	用于合金结构钢的电弧焊、气焊、埋弧焊、电渣焊和气体保护焊等
	H08 Mn2Si	≤0.11	1.70～2.10	0.65～0.95	≤0.20	≤0.30	—	—	—	0.040	0.040	
	H08 Mn2SiA	≤0.11	1.80～2.10	0.65～0.95	≤0.20	≤0.30	—	—	—	0.030	0.030	
	H10 MnSi	≤0.14	0.80～1.10	0.60～0.90	≤0.20	≤0.30	—	—	—	0.030	0.040	
	H10 MnSiMo	≤0.14	0.90～1.20	0.70～1.10	≤0.20	≤0.30	0.15～0.25	—	—	0.030	0.040	
	H10 MnSiMoTiA	0.08～0.12	1.00～1.30	0.40～0.70	≤0.20	≤0.30	0.20～0.40	—	Ti0.05～0.15	0.025	0.030	
	H08MnMoA	≤0.10	1.20～1.60	≤0.25	≤0.20	≤0.30	0.30～0.50	—	Ti0.15(*)	0.030	0.030	
	H08 Mn2MoA	0.06～0.11	1.60～1.90	≤0.25	≤0.20	≤0.30	0.50～0.70	—	Ti0.15(*)	0.030	0.030	
	H10 Mn2MoA	0.08～0.13	1.70～2.00	≤0.40	≤0.20	≤0.30	0.60～0.80	—	Ti0.15(*)	0.030	0.030	
	H08 Mn2MoVA	0.06～0.11	1.60～1.90	≤0.25	≤0.20	≤0.30	0.50～0.70	0.06～0.12	Ti0.15(*)	0.030	0.030	
	H10 Mn2MoVA	0.08～0.13	1.70～2.00	≤0.40	≤0.20	≤0.30	0.60～0.80	0.60～0.12	Ti0.15(*)	0.030	0.030	
	H08CrMoA	≤0.10	0.40～0.70	0.15～0.35	0.80～1.10	≤0.30	0.40～0.60	—	—	0.030	0.030	
	H13CrMoA	0.11～0.16	0.40～0.70	0.15～0.35	0.80～1.10	≤0.30	0.40～0.60	—	—	0.030	0.030	
	H18CrMoA	0.15～0.22	0.40～0.70	0.15～0.35	0.80～1.10	≤0.30	0.15～0.25	—	—	0.025	0.030	
	H08CrMoVA	≤0.10	0.40～0.70	0.15～0.35	1.00～1.30	≤0.30	0.50～0.70	0.15～0.35	—	0.030	0.030	
	H08CrNi2MoA	0.05～0.10	0.50～0.85	0.10～0.30	0.70～1.00	1.40～1.80	0.20～0.40	—	—	0.025	0.025	
	H30CrMoSiA	0.25～0.35	0.80～1.10	0.90～1.20	0.80～1.10	≤0.30	—	—	—	0.025	0.030	
	H10MoCrA	0.10	0.40～0.70	0.15～0.35	0.45～0.65	≤0.30	0.40～0.60	—	—	0.030	0.030	

注：表中＊号为加入量。

国产不锈钢焊丝标准化学成分（GB/T 4241—2006） **表 3-22**

类别	牌号	化学成分(质量分数)(%)								
		C	Si	Mn	P	S	Ni	Cr	Mo	其他
奥氏体型	H0Cr21Ni10	≤0.06	≤0.60	1.00～2.50	≤0.30	≤0.20	9.00～11.00	19.50～22.00	—	—
	H00Cr21Ni10	≤0.03	≤0.60	1.00～2.50	≤0.30	≤0.20	9.00～11.00	19.50～22.00	—	—
	H1Cr24Ni13	≤0.12	≤0.60	1.00～2.50	≤0.30	≤0.20	12.00～14.00	23.00～25.00	—	—
	H1Cr24Ni13Mo2	≤0.12	≤0.60	1.00～2.50	≤0.30	≤0.20	12.00～14.00	23.00～25.00	2.00～3.00	—
	H1Cr26Ni21	≤0.15	0.2～0.59	1.00～2.50	≤0.30	≤0.20	20.00～22.50	25.00～28.00	—	—
	H0Cr26Ni21	≤0.08	≤0.60	1.00～2.50	≤0.30	≤0.20	20.00～22.50	25.00～28.00	—	—
	H0Cr19Ni12Mo2	≤0.08	≤0.60	1.00～2.50	≤0.30	≤0.20	11.00～14.00	18.00～20.00	2.00～3.00	—
	H00Cr19Ni12Mo2	≤0.03	≤0.60	1.00～2.50	≤0.30	≤0.20	11.00～14.00	18.00～20.00	2.00～3.00	—
	H00Cr19Ni12Mo2Cu2	≤0.03	≤0.60	1.00～2.50	≤0.30	≤0.20	11.00～14.00	18.00～20.00	2.00～3.00	Cu1.00～2.50
	H0Cr20Ni14Mo3	≤0.06	≤0.60	1.00～2.50	≤0.30	≤0.20	13.00～15.00	18.50～20.50	3.00～4.00	—
	H0Cr20Ni10Ti	≤0.06	≤0.60	1.00～2.50	≤0.30	≤0.20	9.00～10.50	18.50～20.50	—	Ti9×C%～1.00
	H0Cr20Ni10Nb	≤0.08	≤0.60	1.00～2.50	≤0.30	≤0.20	9.00～11.00	19.00～21.50	—	Nb10×C%～1.00
	H1Cr21Ni10Mn6	≤0.10	0.20～0.60	5.00～7.00	≤0.30	≤0.20	9.00～11.00	20.00～22.00	—	—
铁素体型	H0Cr14	<0.06	0.30～0.70	0.30～0.70	≤0.30	≤0.30	≤0.60	13.00～15.00	—	—
	H1Cr17	≤0.10	≤0.50	≤0.60	≤0.30	≤0.30	—	15.50～17.00	—	—
马氏体型	H1Cr13	≤0.12	≤0.50	≤0.60	≤0.30	≤0.30	—	11.50～13.50	—	—
	H1Cr5Mo	≤0.12	0.15～0.35	0.40～0.70	≤0.30	≤0.30	≤0.30	4.00～6.00	0.40～0.60	—

3.3.2 埋弧焊焊丝及焊剂

焊丝和焊剂是埋弧焊的消耗材料，从普通碳素钢到高级镍合金多种金属材料的焊接都可以选用焊丝和焊剂配合进行埋弧焊接。二者直接参与焊接过程中的冶金反应，因而它们的化学成分和物理性能不仅影响埋弧焊过程中的稳定性、焊接接头性能和质量，同时还影响着焊接生产率，因此根据焊缝金属要求，正确选配焊丝和焊剂是埋弧焊技术的一项重要内容。

1. 焊丝

埋弧焊使用的焊丝有实心焊丝和药芯焊丝两类，生产中普遍使用的是实心焊丝，药芯焊丝只在某些特殊场合应用。焊丝品种随所焊金属的不同而不同，目前已有碳素结构钢、低合金钢、高碳钢、特殊合金钢、不锈钢、镍基合金钢焊丝，以及堆焊用的特殊合金焊丝。根据国家标准《熔化焊用钢丝》(GB/T 14957—1994)、《焊接用不锈钢盘条》(GB/T 4241—2006) 焊接用钢丝的规定，表 3-21、表 3-22 是典型的碳素结构钢、合金结构钢和不锈钢焊丝的化学成分。

焊丝牌号的字母“H”表示焊接实心焊丝。字母“H”后面的数字表示碳的质量分数。化学元素符号及后面的数字表示该元素大致的质量分数值。当元素的含量 w (Me) 小于 1 %时，元素符号后面的 1 省略。有些结构钢焊丝牌号尾部标有“A”或“E”字母，“A”为优质品，即焊丝的硫、磷含量比普通焊丝低；“E”表示为高级优质品，其硫、磷含量更低。

表 3-23 为国产钢焊丝标准直径及允许偏差。焊丝直径的选择依用途而定，手工埋弧焊用焊丝较细，一般为 ϕ1.6～ϕ2.4mm，自动埋弧焊时一般使用 ϕ3～ϕ6mm 的焊丝。各种直径的普通钢焊丝埋弧焊时，使用的电流范围见表 3-24 所示。一定直径的焊丝，使用电流有一定范围，使用电流越大，熔敷率越高。而同一电流使用较小直径的焊丝，可获得加大焊缝熔深、减小熔宽的效果，当工件装配不良时，宜选用较粗的焊丝。最好镀铜，镀铜层既可起防锈作用，又可改善焊丝与导电嘴的接触状况。但抗腐蚀和核反应堆材料焊接用的焊丝是不允许镀铜的。

钢焊丝直径及其允许偏差 (mm)　　表 3-23

焊丝直径		0.4、0.6、0.8	1.0、1.2、1.6、2.0、2.5、3.0	3.2、4.0、5.0、6.0	6.5、7.0、8.0、9.0
允许偏差	普通精度	−0.07	−0.12	−0.16	−0.20
	较高精度	−0.04	−0.06	−0.08	−0.10

各种直径普通钢焊丝埋弧焊使用的电流范围　　表 3-24

焊丝直径(mm)	1.6	2.0	2.5	3.0	4.0	5.0	6.0
电流范围(A)	115～500	125～600	150～700	200～1000	340～1100	400～1300	600～1600

为了使焊接过程稳定进行，并减少焊接辅助时间，焊丝通常用盘丝机整齐的盘绕在焊丝盘上，每盘焊丝应由一根焊丝绕成，焊丝盘的内径和重量见表 3-25。

钢焊丝的焊丝盘内径和重量 **表 3-25**

焊丝直径(mm)	焊丝盘内径(mm)	每盘重量(kg)(不小于)		
		碳素结构钢	合金结构钢	不锈钢
1.6～2.0	250	15.0	10.0	6.0
2.5～3.5	350	30.0	12.0	8.0
4.0～6.0	500	40.0	15.0	10.0
6.5～9.0	500	40.0	20.0	12.0

2. 焊剂

埋弧焊焊剂在焊接过程中起隔离空气、保护焊缝金属不受空气侵害和参与熔池金属冶金反应的作用。

(1) 焊剂的分类

埋弧焊焊剂除按用途分为钢用焊剂和有色金属用焊剂外，通常按制造方法、化学成分、化学性质、颗粒结构等分类，如图 3-1 所示。

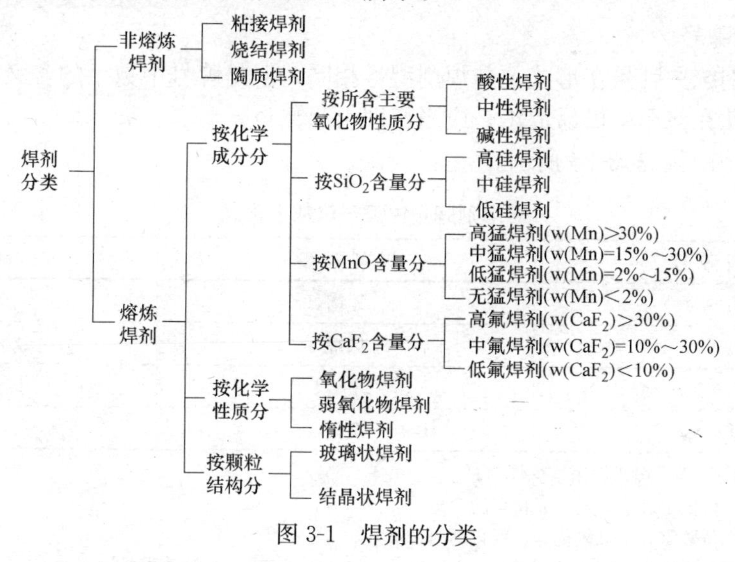

图 3-1 焊剂的分类

(2) 焊剂的型号和牌号的编制方法

1) 焊剂的型号

焊剂的型号是按照国家标准划分的，我国的现行国家标准《埋弧焊用碳钢焊丝和焊剂》(GB 5293—1999) 中规定：焊剂型号划分原则是依据埋弧焊焊缝金属的力学性能。

焊剂型号的表示方法如下：

尾部的"H ×××"表示焊接试板时与焊剂匹配的焊丝牌号。

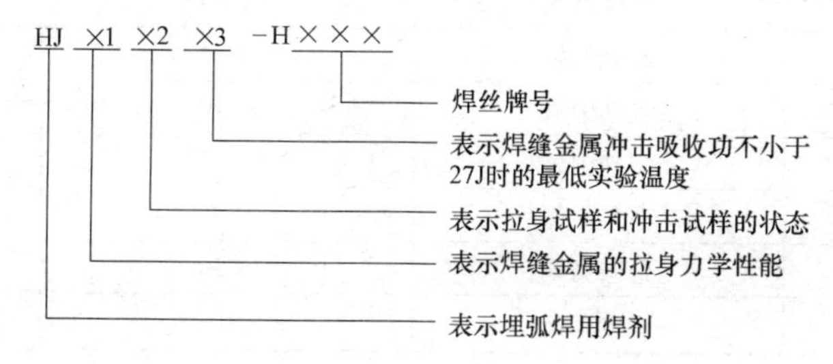

焊接型号中的第一位数字的含义　　表 3-26

×1	抗拉强度 σ_b(MPa)	屈服点 σ_s(MPa)	伸长率 δ(%)
3	410～550	≤303	≤22.0
4	140～550	≤330	≤22.0
5	480～650	≤437	≤22.0

焊剂型号中第三位数字的含义　　表 3-27

×3	0	1	2	3	4	5	6
实验温度(℃)	—	0	−20	−30	−40	−50	−60

举例：HJ403～H08MnA，表示为埋弧焊用焊剂，采用 H08MnA 焊丝按照 GB/T 5293—1985 所规定的焊接工艺参数焊接试板，其试样状态为焊态时，焊缝金属的抗拉强度为 410～550MPa，屈服点不小于 330MPa，伸长率不小于 22%，在−30℃时冲击吸收功不小于 27J 。

2）焊剂的牌号

通用的焊剂统一牌号在形式上与焊剂型号相同，但是牌号中数字的含义与焊剂型号是不相同的。因此在使用中极易混淆，应当特别引起注意。

① 熔炼焊剂，见表 3-28 所示。

熔焊剂牌号中第一位数字含义　　表 3-28

焊 剂 牌 号	焊 剂 类 型	w(MnO)(%)
HJl××	无锰	>2
HJ2××	低锰	2～15
HJ3××	中锰	15～30
HJ××	高锰	>30

注：牌号前“HJ”表示埋弧焊用熔炼焊剂。
牌号中第一位数字表示焊剂中氧化锰的含量。
牌号中第二位数字表示二氧化硅、氟化钙的含量。
牌号中第三位数字表示同一类型焊剂的不同牌号，按 0、1、2... 9 顺序编排。
同一牌号生产两种颗粒度时，在细颗粒焊剂号后面加×。

② 烧结焊剂，见表 3-29、表 3-30 所示。

熔炼焊剂牌号中第二位数字含义　　表 3-29

焊 剂 牌 号	焊 剂 类 型	$w(SiO_2)$ (%)	$w(CaF_2)$ (%)
HJ×1×	低硅低氟	<10	<10
HJ×2×	中硅低氟	10～30	<10
HJ×3×	高硅低氟	>30	<10
HJ×4×	低硅中氟	<10	10～30
HJ×5×	中硅中氟	10～30	10～30
HJ×6×	高硅中氟	>30	10～30
HJ×7×	低硅高氟	<10	>30
HJ×8×	中硅高氟	10～30	>30

例如：

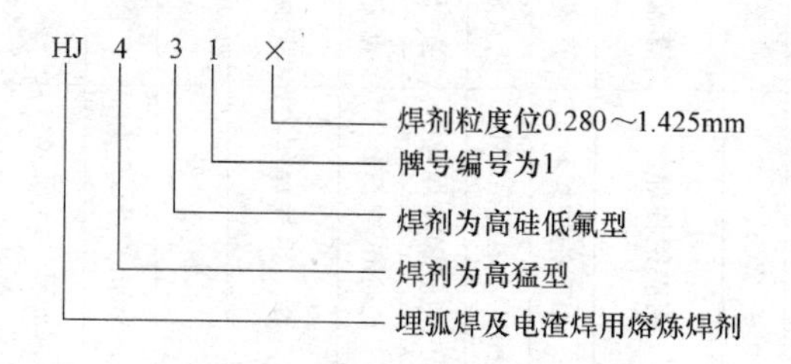

烧结焊剂牌号中第一位数字含义 **表 3-30**

焊剂牌号	熔渣渣系类型	主要组成范围(质量分数)(%)
SJ1××	氟碱型	$CaF_2 \geqslant 15$ $CaO+MgO+MnO+CaF_2>50$ $SiO_2 \leqslant 20$
SJ2××	高铝型	$Al_2O_3 \geqslant 20$ $Al_2O_3+CaO+MgO>45$
SJ3××	硅钙型	$CaO+MgO+SiO_2>60$
SJ4××	硅锰型	$MgO+SiO_2>50$
SJ5××	铝钛型	$Al_2O_3+TiO_2>45$
SJ6××	其他型	

注：牌号前“SJ”表示埋弧焊用烧结焊剂。
牌号中第一位数字：表示焊剂熔渣渣系的类型。
牌号中第二位、第三位数字：表示同一渣系类型焊剂中的不同牌号焊剂，按01、02…、09顺序编排。

(3) 国产焊剂牌号、成分及适用范围，见表3-31、表3-32。

3. 焊剂与焊丝的选配

焊剂的焊接工艺性能和化学冶金性能是决定焊缝金属化学成分和性能的主要因素之一，采用同样的焊丝和同样的焊接参数，而配用的焊剂不同，所得焊缝的性能将有很大的差别。一种焊丝可与多种焊剂合理的组合，无论是在低碳钢还是在低合金钢上都有这种合理的组合。

(1) 对焊剂工艺性能及质量的要求

1) 对焊剂的一般要求

① 焊剂应具有良好的冶金性能，焊接时配以适当的焊丝和合理的焊接工艺，焊缝金属应能得到适宜的化学成分和良好的力学性能（与母材相适应的强度和较高的塑性、韧性）以及较强的抗冷裂纹和热裂纹的能力。

② 焊剂应具有良好的工艺性、电弧燃烧稳定、熔渣具有适宜的熔点、黏度和表面张力。焊道与焊道间及焊道与母材间充分熔合，过渡平滑没有明显咬边，脱渣容易，焊缝表面成形良好，以及焊接过程中产生的有害气体少。

③ 焊剂要有一定的颗粒度，并且应有一定的颗粒强度，以利于多次回收使用。焊剂的颗粒度分为两种：普通颗粒度焊剂的粒度为2.5～0.45mm（8～40目），用于普通埋弧焊和电渣焊；细颗粒度焊剂的粒度为1.25～0.28mm（14～60目），适用于半自动或细丝埋弧焊。其中小于规定粒度60目以下的细颗粒不大于5%，规定粒度14目以上的粗颗粒不大于2%。

国产熔炼型埋弧焊剂牌号、成分及其适用范围 表 3-31

牌号①	成分类型	组成成分(质量分数)(%)											用途	配用焊丝	适用电源种类
		SiO_2	CaF_2	CaO	MgO	Al_2O_3	MnO	FeO	K_2O+Na_2O	S	P	其他			
HJ130	无锰高硅低氟	35～40	4～7	10～18	14～19	12～16	—	0～2	—	≤0.05	≤0.05	TiO_2 7～11	低碳钢、低合钢	H10Mn2	交直流
HJ131	无锰高硅低氟	34～38	2.5～4.5	48～55	—	6～9	—	≤1.0	1.5～3.0	≤0.05	≤0.08	—	镍基合金(薄板)	Ni 基焊丝	交直流
HJ150	无锰中硅中氟	2～123	25～33	3～7	9～13	28～32	—	≤1.0	3	≤0.08	≤0.08	—	轧辊堆焊	2Cr13	直流
HJ172	无锰低硅高氟	3～6	45～55	2～5	—	28～35	1～2	≤0.8	3	≤0.05	≤0.05	ZrO_2 2～4 NaF2～3	高铬铁素体钢	相应钢种焊丝	直流
HJ173	无锰低硅高氟	≤4	45～58	13～20	—	22～33	—	≤1.0	—	≤0.05	≤0.04	ZrO_2 24	锰、铝高合金钢	相应钢种焊丝	直流
HJ230	低锰高硅低氟	40～46	7～11	8～14	10～14	10～17	5～10	≤1.5	—	≤0.05	≤0.05	—	低碳钢、低合钢	H08MnA，H10Mn2	交直流
HJ250	低锰中硅中氟	18～22	23～30	4～8	12～16	18～23	5～8	≤1.5	3	≤0.05	≤0.05	—	低合金高强度钢	相应钢种焊丝	直流
HJ251	低锰中硅中氟	18～22	23～30	3～6	14～17	18～23	7～10	≤1.0	—	≤0.08	≤0.05	—	珠光体耐热钢	Cr-Mo 钢焊丝	直流
HJ253	低锰中硅中氟	20～24	24～30	—	13～17	12～16	6～10	≤1.0	—	≤0.08	≤0.05	TiO_2 2～4	低合金高强度钢(薄板)	相应钢种焊丝	直流
HJ260	低锰高硅中氟	29～34	20～25	4～7	15～18	19～24	2～4	≤1.0	—	≤0.07	≤0.07	—	不锈钢，轧辊堆焊	不锈钢焊丝	直流
HJ330	中锰高硅低氟	44～48	3～6	≤3	16～20	≤4	22～26	≤1.5	1	≤0.08	≤0.08	—	重要低碳钢及低合钢	H08MnA，H10Mn2	交直流
HJ350	中锰中硅中氟	30～35	14～20	10～18	—	13～18	14～19	≤1.0	—	≤0.06	≤0.07	—	重要低合金高强度钢	Mn-MoMn-Si 及含 Ni 高强度钢焊丝	交直流
HJ430	高锰高硅低氟	38～45	5～9	≤6	—	≤5	38～47	≤1.8	—	≤0.10	≤0.10	—	重要低碳钢及低合钢	H08A，H08MnA	交直流
HJ431	高锰高硅低氟	40～44	3～6.5	≤5.5	5～5.7	≤4	34.5～38	≤1.8	—	≤0.10	≤0.10	—	重要低碳钢及低合钢	H08A，H08MnA	交直流
HJ433	高锰高硅低氟	42～45	24	≤4	—	≤3	14～47	≤1.8	0.3～0.5	≤0.15	≤0.10	—	低碳钢	H08A	交直流

① 国家标准 GB/T 5293—1999、GB/T 12470—2003 规定熔炼焊剂型号标注方法为：HJ×1×2×3H×××，其中×1 表示焊缝金属的拉伸力学性能；×2 表示拉伸和冲击试样的状态；×3 表示焊缝金属冲击吸收功不小于 27J 的最低试验温度；H×××表示可配用焊丝牌号。但生产厂商的牌号是按成分类型区分的，即 HJabc 中，a 表示含锰量；b 表示含硅含氟量；c 表示同类不同牌号，实际中应注意辨明。

国产烧结焊剂牌号、成分及其适用范围 表 3-32

牌号	渣系类别	碱度	主要成分(质量分数)(%)						配用焊丝	用途	使用电源种类
			SiO_2+TiO_2	$CaO+MgO$	Al_2O_3+MnO	CaF_2	S	P			
SJ101	氟碱	1.8	25	30	25	2.0	≤0.06	≤0.08	H08MnA, H08MnMoA H08Mn2MoA, H10Mn2	多层焊、多丝焊、窄间隙双单焊	AC、DCRP
SJ102		3.5	10～15	35～45	15～25	20～30					DCRP
SJ104		2.7	30～35	20～25	20～25	20～25			H08Mn2, H08MnMoTi H08MnA		
SJ105		2.0	16～22	30～34	18～20	18～25					AC、DCRP
SJ301	硅钙	1.0	25～35	20～30	25～40	5～15			H08A, H08MnA H08MnMoA	多层焊、多丝焊双单焊	DCRP
SJ302		1.1	20～25	20～25	30～40	8～20					
SJ401	硅锰	<1	45	10	40	—			H08A	常规单丝焊	
SJ402		0.7	35～45	40～50	5～15	—				薄板较高速焊	
SJ403		—	≥45	≥20	≥20	—	≤0.04	≤0.04	H08A	耐磨堆焊	
SJ501	铝钛	0.5～0.8	25～40	45～60	≤10	—	≤0.06	≤0.08	H08A, H08MnA, H08MnMoA	多丝高速焊	
SJ502		<1	45	30	10	5			H08A	薄板较高速焊	
SJ503		0.7～0.9	25～35	45～60	—	≤17			H08A, H08MnA	常规单丝焊	
SJ601	其他	1.8	5～10	30～40	6～10	40～50	≤0.06	≤0.06	H00Cr21Ni10, H0Cr21NiTi	多道焊不锈钢	
SJ604		1.8	5～8	30～35	4～8	40～50					
SJ641		2.0	20～25	20～22	15～20	20～25					
CHF602		3.0～3.2	(SiO_2) 8～12	(MgO) 24～30	(Al_2O_3) 8～12	20～25	($BaCO_3$) 38～21		H08MnNiMoA, H10Cr2Mo1A	厚壁压力容器	DCRP
CH603		2.3～2.7	(SiO_2) 6～10	(MgO) 22～28	18～23	15～20	($CaCO_3$) 20～24		H13Cr2Mo1A, H11CrMoA H04Ni13A, H08Mn2Ni2A	Cr-Mo 钢 Ni 钢	AC、DCRP

④ 焊剂应有较低的含水量和良好的抗潮性，出厂焊剂含水量的质量分数不得大于0.10%，焊剂在温度25℃、相对湿度70%的环境条件下，放置24h，其吸潮率不应大于0.15%。

⑤ 焊剂中机械夹杂物（碳粒、生料、铁合金凝珠及其他杂质）的含量不得大于焊剂质量分数的0.30%；

⑥ 焊剂应有较低的S、P含量，一般为S≤0.06%，P≤0.08%。

2）对电渣焊用焊剂的要求

对于电渣焊用焊剂，为了使电渣过程能稳定进行并能得到良好的焊接接头，还应有以下特殊要求。

① 熔渣的电导率应适宜。若电导率过低，焊接无法进行；若电导率过高，电阻热过低，影响电渣焊过程的顺利进行。

② 熔渣的黏度应适宜。黏度过小，流动性过大，易造成熔渣和金属流失，使焊接过程中断；黏度过大，熔点过高，易形成咬边和夹渣。

③ 熔渣的开始蒸发温度应合适。熔渣开始蒸发的温度取决于熔渣中最易蒸发的成分，例如氟化物的沸点低，使熔渣的开始蒸发温度降低，易产生电弧，导致电渣焊过程的稳定性降低，并易产生飞溅。

通常情况下，焊剂中的SiO_2含量增多时，电导率降低，黏度增大；氟化物和TiO_2增多时，电导率增大，黏度降低。

要获得高质量的焊接接头，焊剂除符合以上要求外，还必须针对不同的钢种选用合适牌号的焊剂及配用焊丝。通常主要根据被焊钢材的类别及对焊接接头性能的要求来选择焊丝，并选择适当的焊剂相配合。一般情况下，对低碳钢、低合金高强钢的焊接，应选用与母材强度相匹配的焊丝；对耐热钢、不锈钢的焊接，应选用与母材成分相匹配的焊丝；堆焊时应根据对堆焊层的技术要求、使用性能等，选择合金系统及相近成分的焊丝并选用合适的焊剂。

还应根据所焊产品的技术要求（如坡口和接头形式、焊后加工工艺等）和生产条件，选择合适的焊剂与焊丝的组合，必要时应进行焊接工艺评定，检测焊缝金属的力学性能、耐腐蚀性、抗裂性以及焊剂的工艺性能，以考核所选焊接材料是否合适。

（2）低碳钢埋弧焊焊剂与焊丝的选配

选用高锰高硅低氟焊剂时，配合H08A或H08E，目前常用的为H08A＋HJ431（HJ430、HJ433、HJ434）组合。焊剂中的MnO和SiO_2在高温下与Fe反应，Mn和Si得以还原，过渡到焊接熔池中，冷却时起脱氧剂和合金剂的作用，保证焊缝金属的力学性能。其中HJ431与HJ430相比，电弧稳定性改善，但抗锈能力和抗气孔能力降低；HJ433含CaF_2较低、Si_2较高，有较高的熔化温度及黏度，焊缝成形好，适宜薄板的快速焊接；HJ434由于加入了TiO_2，且CaO和CaF_2含量略高，其抗锈能力、脱渣性更好。

选用中锰、低锰或无锰的高硅低氟焊剂时，应选配含锰较高的焊丝，才能保证在焊接过程中有足够数量的锰、硅过渡到熔池，保证焊缝脱氧和力学性能。常用的焊丝与焊剂的组合有：（H08MnA、H08Mn2、H10Mn2Si、H10Mn2）＋（HJ330、HJ230、HJ130）。

近几年由于烧结焊剂的快速发展以及独特的优越性，在焊接生产中的应用逐渐扩大，如SJ301、SJ401等与焊丝H08A配合焊接低碳钢，焊缝质量优良，焊接效率高，可实现单面焊双面成形，焊缝美观，目前已在锅炉压力容器等产品上应用。常用烧结焊剂与焊丝的组合如下：

①（H08A、H08E）+（SJ401、SJ402） SJ401 抗气孔能力强，SJ402 抗锈能力强，适于薄板和中厚板的焊接；其中 SJ402 更适于薄板的高速焊接。

②（H08A、H08E）+（SJ301、SJ302） 焊接工艺性能良好，熔渣属“短渣”性质，焊接时不下淌，适于环缝的焊接，其中 SJ302 的脱渣性、抗吸潮性和抗裂性更好，焊剂的消耗量低。常用标准接轨钢埋弧焊焊接材料选配见表 3-33。

常用标准接轨钢埋弧焊焊接材料选配　　表 3-33

钢材		焊剂型号-焊丝牌号示例
牌号	等级	
Q235	A、B、C	F4AO-H08A
	D	F4A2-H08A
Q345	A	F5004-H08A①、H08MnA②、H10Mn2②
	B	F5014-、F5011-H08MnA②、H10Mn2②
	C	F5024-、F5021-H08MnA②、H10Mn2②
	D	F5034-、F5031-H08MnA②、H10Mn2②
	E	F5041-③

① 薄板 I 形坡口对接。
② 中厚板坡口对接。
③ 供需双方协议。

3.3.3 气体保护焊焊丝及自保护焊药芯焊丝

1. 气体保护焊用焊丝

气体保护焊是通过电极（焊丝或钨极）与母材间产生的电弧熔化焊丝（或填丝）及母材，形成熔池和焊缝金属的一种先进的焊接方法。电极、电弧和焊接熔池是靠焊枪喷嘴喷出的保护气体来保护，以防止周围大气的侵入，对焊接接头区域形成良好的保护效果的。随着科学技术的突飞猛进和现代工业的迅速发展，各种新的金属材料和新的产品结构对焊接技术要求的提高，促进了新的、更加优越的气体保护焊方法的推广应用。

（1）气体保护焊的分类

气体保护焊在工业生产中的应用种类很多，可以根据保护气体、电极、焊丝等进行分类。如果按选用的保护气体进行分类，可分为惰性气体保护焊（TIG 焊和 MIG 焊）、活性气体保护焊（MAG 焊）以及自保护焊接等。按采用的电极类型进行分类，可分为熔化极气体保护焊和非熔化极气体保护焊。按采用的焊丝类型进行分类，可分为实芯焊丝气体保护焊和药芯焊丝气体保护焊等。

气体保护焊分为惰性气体保护焊（TIG 焊和 MIG 焊）、活性气体保护焊（MAG 焊）以及自保护焊接。TIG 焊接时采用纯 Ar，MIG 焊接时一般采用 Ar+2%O_2 或 Ar+5%CO_2。MAG 焊接时主要采用 CO_2 气体。为了改善 CO_2 焊接的工艺性能，也可采用 CO_2+Ar 或 CO_2+Ar+O_2 混合气体或是采用药芯焊丝。

1）TIG 焊焊丝。

TIG焊接有时不加填充焊丝，被焊母材加热熔化后直接连接起来，有时加填充焊丝，由于保护气体为纯Ar，无氧化性，焊丝熔化后成分基本不发生变化，所以焊丝成分即为焊缝成分。也有的采用母材成分作为焊丝成分，使焊缝成分与母材一致。TIG焊时焊接能量小，焊缝强度和塑、韧性良好，容易满足使用性能要求。

2）MIG和MAG焊丝。

MIG方法主要用于焊接不锈钢等高合金钢。为了改善电弧特性，在Ar气体中加入适量O_2或CO_2气体，即成为MAG方法。焊接合金钢时，采用Ar+5%CO_2可提高焊缝的抗气孔能力。但焊接超低碳不锈钢时不能采用Ar+5%CO_2混合气体，只可采用Ar+2%O_2混合气体，以防止焊缝增碳。目前低合金钢的MIG焊接正在逐步被Ar+20%CO_2的MAG焊接所取代。MAG焊接时由于保护气体有一定的氧化性，应适当提高焊丝中Si、Mn等脱氧元素的含量，其他成分可以与母材一致，也可以有所差别。焊接高强钢时，焊缝中C的含量通常低于母材，Mn含量则应高于母材，这不仅为了脱氧，也是焊缝合金成分的要求。为了改善低温韧度，焊缝中的Si的含量不宜过高。

3）CO_2焊焊丝。

CO_2是活性气体，具有较强的氧化性，因此CO_2焊所用焊丝必须含有较高的Mn、Si等脱氧元素。CO_2焊通常采用C-Mn-Si系焊丝，如H08MnSiA、H08Mn2SiA、H04Mn2SiA等。CO_2焊焊丝直径一般是0.89、1.0、1.2、1.6、2.0mm等。焊丝直径≤1.2mm属于细丝CO_2焊，焊丝直径≥1.6mm属于粗丝CO_2焊。

H08Mn_2SiA焊丝是一种广泛应用的CO_2焊焊丝，它有较好的工艺性能，适合于焊接500MPa级以下的低合金钢。对于强度级别要求更高的钢种，应采用焊丝成分中含有Mo元素的H10MnSiMo等牌号的焊丝。

（2）气体保护焊的应用范围

根据所采用的保护气体的种类不同，气体保护焊适用于焊接不同的金属结构。例如：CO_2气体保护焊适用于焊接碳钢、低合金钢，而惰性气体保护焊除了可以焊接碳钢、低合金钢外，也适用于焊接铝、铜、镁等有色金属及其合金：某些熔点较低的金属，如锌、铅、锡等，由于焊接时易于蒸发出有毒的物质，或污染焊缝。因此很难采用气体保护焊进行焊接或不宜焊接。

气体保护焊方法特别适合于焊接薄板。不论是熔化极气体保护工艺还是非熔化极气体保护焊工艺，都可以成功的焊接厚度不足1mm的薄板。采用气体保焊工艺焊接中、厚板有一定的限制。一般来说，当厚度超过一定限度后，其他电弧焊方法（如埋弧焊或电渣焊）的生产效率和成本比气体保护焊高。

气体保护焊根据实际生产中应用材质的具体情况，也可焊接厚板材料。例如，在铝合金焊接中，厚度75mm的工件采用大电流熔化极惰性气体保护焊（MIG焊），双面单道焊可完成铝合金的焊接。从生产效率上看，熔化极气体保护焊高于非熔化极气体保护焊，从焊缝美观上看，非熔化极气体保护焊（填丝或不填丝）没有飞溅，焊缝成形美观。

就焊接位置而言，气体保护焊方法适合于焊接各种位置的焊缝。特别是CO_2气体保护焊，由于电弧有一定吹力更适合全位置焊接。由于各种气体保护焊采用的保护气体不同，每种方法具体的适应性也不同。比如，氩气比空气的密度大，因而氩弧焊更适合于水平位置的焊接；氦气比空气密度小，氦弧焊适合于空间位置焊接，特别是仰焊位置的焊接，但实际应用较少，大量的仍然是采用氩气作为保护气体进行焊接。

几种常用气体保护焊方法的应用范围如下。

1）CO_2 气体保护焊。

CO_2 气体保护焊一般用于汽车、船舶、管道、机车车辆、集装箱、矿山及工程机械、电站设备、建筑等金属结构的焊接生产。CO_2 气体保护焊可以焊接碳钢和低合金钢，并可以焊接从薄板到厚板不同的工件。采用细丝、短路过渡的方法可以焊接薄板；采用粗丝、射流过渡的方法可以焊接中、厚板。CO_2 气体保护焊可以进行全位置焊接，也可以进行平焊、横焊及其他空间位置的焊接。

药芯焊丝 CO_2 气体保护焊是近年来发展起来的采用渣—气联合保护的适用性广泛的焊接工艺，主要适合于焊接低碳钢、500MPa 级及 600MPa 级的低合金高强钢、耐热钢以及表面堆焊等。通常药芯焊丝气体保护焊适合于中厚板进行水平位置的焊接，一般用于对外观要求较严格的箱形结构件、工程机械。目前是用于焊接碳钢和低合金钢的重要焊接方法之一，具有很大的发展前景。

2）熔化极气体保护焊。

熔化极惰性气体保护焊（MIG）可以采用半自动或全自动焊接，应用范围较广。MIG 焊可以对各种材料进行焊接，但近年来由于碳钢和低合金钢等更多地采用富氩混合气体保护焊进行焊接，而很少采用纯惰性气体保护焊，因此熔化极惰性气体保护焊一般常用于焊接铝、镁、铜、钛及其合金和不锈钢。熔化极惰性气体保护焊可以焊接各种厚度的工件，但实际生产中一般焊接较薄的板，如厚度 2mm 以下的薄板采用熔化极惰性气体保护焊的焊接效果较好。熔化极惰性气体保护焊可以实现智能化控制的全位置焊接。

熔化极活性气体保护焊（MAG）因为电弧气氛具有一定的氧化性，所以不能用于活泼金属（如 Al、Mg、Cu 及其合金）的焊接。熔化极活性气体保护焊多应用于碳钢和某些低合金钢的焊接，可以提高电弧稳定性和焊接效率。熔化极活性气体保护焊在汽车制造、化工机械、工程机械、矿山机械、电站锅炉等行业得到了广泛的应用。

3）非熔化极惰性气体保护焊。

非熔化极惰性气体保护焊又称为钨极氩弧焊（TIG）。除了熔点较低的铅、锌等金属难以焊接外，对大多数金属及其合金用钨极氩弧焊进行焊接，都可以得到满意的焊接接头质量。TIG 焊可以焊接质量要求较高的薄壁件，如薄壁管子、管—板、阀门与法兰盘等。TIG 焊适合于焊接各种类型的坡口和接头，特别是管接头，并可进行堆焊，最适合于焊接厚度 1.6～10mm 的板材和直径 25～100mm 的管子。对于更大厚度的板材，采用熔化极气体保护焊更加经济实用。

TIG 焊可以焊接形状复杂而焊缝较短的工件，通常采用半自动 TIG 焊工艺；形状规则的焊缝可以采用自动 TIG 焊工艺。

4）等离子弧焊。

等离子弧焊适合于手工和自动两种操作，可以焊接连续或断续的焊缝。焊接时可添加或不添加填充金属。一般 TIG 焊能焊接的大多数金属，均可用等离子弧焊进行焊接，如碳钢、低合金钢、不锈钢、铜合金、镍及镍合金、钛及钛合金等。低熔点和沸点的金属（如铅、锌等）不适合等离子弧焊。

手工等离子弧焊可进行全位置焊接，而自动等离子弧焊通常是在平焊位置进行焊接。

等离子弧焊适于焊接薄板，不开坡口并且背面不需要加衬垫。等离子弧焊最薄可焊接厚度0.01mm的金属薄片，板厚超过8mm的金属一般不采用等离子弧焊进行焊接。

2. 常用气体保护焊焊丝性能

常用气体保护焊焊丝化学成分、力学性能及焊接匹配见表3-34～表3-36。

气体保护焊用碳钢焊丝的牌号与化学成分（%）（根据GB/T 8110—2008）　表3-34

型号	C	Si	Mn	P	S		Ni	Mo	其他	表以外其他元素总量
碳钢焊丝										
ER49-1	≤0.11	0.65～0.95	1.80～2.10	≤0.030	≤0.030	≤0.20	≤0.30	—	Cu≤0.50	—
ER50-2	≤0.07	0.40～0.70	0.90～1.44	≤0.025	≤0.035	—	—	—	Ti0.05～0.15 Zr0.02～0.12 Al0.05～0.15 Cu≤0.50	≤0.50
ER50-3	0.06～0.15	0.45～0.75	0.90～1.44	≤0.025	≤0.035	—	—	—	Cu≤0.50	≤0.50
ER50-4	0.07～0.15	0.65～0.85	1.00～1.50	≤0.025	≤0.035	—	—	—	Cu≤0.50	≤0.50
ER50-5	0.07～0.19	0.30～0.60	0.90～1.40	≤0.025	≤0.035	—	—	—	Al0.05～0.90 Cu≤0.50	≤0.50
ER50-6	0.06～0.15	0.80～1.15	1.40～1.85	≤0.025	≤0.035	—	—	—	Cu≤0.50	≤0.50
ER50-7	0.07～0.15	0.50～0.80	1.50～2.00	≤0.025	≤0.035	—	—	—	Cu≤0.50	≤0.50

气体保护焊用碳钢焊丝的力学性能　表3-35

焊丝型号	保护气体	抗拉强度 σ_b(MPa)	屈服强度 $\sigma_{0.2}$(MPa)	延伸率 δ(%)	实验温度 T(℃)	冲击吸收功 A_{kv}(J)
		（不小于）				（不小于）
ER49-1	CO_2	500	420	22	室温	47
ER50-2	CO_2	500	420	22	−29	27
ER50-3	CO_2	500	420	22	−18	27
ER50-4	CO_2	500	420	22	—	不要求
ER50-5	CO_2	500	420	22	—	不要求
ER50-6	CO_2	500	420	22	−29	27
ER50-7	CO_2	500	420	22	−29	27

3. 自保护药芯焊丝

自保护焊丝是指不需要保护气体或焊剂，就可进行电弧焊，从而获得合格焊缝的焊丝，自保护药芯焊丝是把作为造渣、造气、脱氧作用的粉剂和金属粉置于钢皮之内或涂在焊丝表面，焊接时粉剂在电弧作用下变成熔渣和气体，起到造渣和造气保护作用，不用另加气体保护。

常用钢材同 CO_2 气体保护焊[1]实心焊丝的匹配 **表 3-36**

钢材		焊丝型号示例	熔敷金属性能[4]				
牌号	等级		抗拉强度	屈服强度	延伸率	冲击吸收功	
			σ_b(MPa)	σ_s(MPa)	δ_s(%)	T(℃)	A_{kv}(J)
Q235	A	ER49-1[2]	490	372	20	20	47
	B						
	C	ER50-6	500	420	22	−30	27
	D					−20	
Q345	A	ER49-1[2]	490	372	20	20	47
	B	ER50-3	500	420	22	−20	27
	C	ER50-2	500	420	22	−30	27
	D						
	E	③	③			③	

① 含 Ar-CO_2 混合气体保护焊。

② 用于一般结构，其他用于重大结构。

③ 按供需协议。

④ 表中熔敷金属性能均为最小值。

自保护药芯焊丝的熔敷效率明显比焊条高，野外施焊的灵活性和抗风能力优于气体保护焊，通常可在四级风力下施焊。因为不需要保护气体，适于野外或高空作业，故多用于安装现场和建筑工地。

自保护焊丝的焊缝金属塑性和韧性一般低于采用保护气体的药芯焊丝。自保护焊丝目前主要用于低碳钢焊接结构，不宜用于焊接高强度钢等重要结构，此外，自保护焊丝施焊时烟尘较大，在狭窄空间作业时要注意加强通风换气。

4　钢结构的连接方式及计算

4.1　钢结构的连接方式

钢结构是由钢构件经连接而成的结构，因此连接在钢结构中占有很重要的位置，它直接关系钢结构的安全和经济。在受力过程中，连接应有足够的强度，被连接构件之间应保持正确的相互位置。钢结构的连接方式主要分为焊接连接、铆钉连接、螺栓连接三种，如图 4-1 所示。

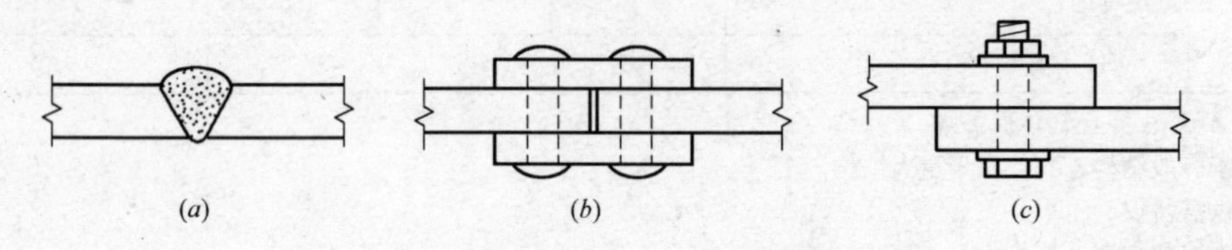

图 4-1　钢结构的连接方法

1. 焊接连接

(1) 方法：电弧产生热量—焊条和焊件局部熔化—冷却凝结成焊缝—焊件连接成一体。

(2) 优点：不削弱截面，方便施工，连接刚度大。

(3) 缺点：材质易脆，存在残余应力，对裂纹敏感。

(4) 应用范围：工业与民用建筑钢结构中的绝大部分连接。

2. 铆钉连接

(1) 方法：孔比钉直径大 1mm，加热 900～1000℃，铆钉枪打铆。

(2) 优点：连接刚度大，传力可靠。

(3) 缺点：对施工技术要求很高，费钢费工。

(4) 应用范围：已逐步被高强度螺栓连接所取代。

3. 螺栓连接

(1) 方法

通过螺栓产生紧固力，使被连接件连接成为一体。

(2) 分类

Ⅰ类孔：孔精确对准，内壁光滑，孔轴垂直于被连接板。$d_0-d=0.3\sim0.5$mm

Ⅱ类孔：达不到Ⅰ类孔要求的，为Ⅱ类孔。$d_0-d=1\sim2$mm。

(3) 普通螺栓

1) 粗制螺栓（C 级螺栓）：用未加工的圆钢制成，尺寸不够精确，只需Ⅱ类孔。

应用范围：受拉安装螺栓；次要结构、可拆卸结构的受剪连接；安装时的临时连接。

2) 精制螺栓（A、B 级）：栓杆由车床加工而成，表面光滑，尺寸准确，用Ⅰ类孔。

应用范围：直接受较大动力荷载的重要结构的安装螺栓。

A级：$d \leqslant 24$mm，$l \leqslant 150$mm 和 $10d$。

B级：$d > 24$mm，$l > 150$mm 和 $10d$。

（4）高强螺栓

1）按材料等级分两种类型：

8.8级：$f_u \geqslant 800$MPa，$f_y/f_u = 0.8$。

10.9级：$f_u \geqslant 1000$MPa，$f_y/f_u = 0.9$。

2）按计算、设计方法分两种类型：

① 摩擦型。只靠挤压力产生的摩擦阻力传递剪力，摩擦阻力被克服即为破坏。只要求Ⅱ类孔；

优点：连接变形小，受力好，耐疲劳，可拆卸，施工简单。

应用范围：桥梁、高层钢结构、工业厂房钢结构。

② 承压型。在摩擦阻力被克服后继续靠栓杆承担荷载，连接变形比摩擦型大。要求用Ⅰ类孔。

优点：承载力高。

缺点：摩擦力被克服后变形较大。

应用范围：承受净力或间接动力荷载的结构。

4.2 焊接连接的特性

1. 焊接方法

（1）手工焊

1）方法：利用电弧产生热量熔化焊条和母材形成焊缝。

2）优点：方便，特别在高空和野外作业，小型焊接。

3）缺点：质量波动大，要求焊工等级高，劳动强度大，效率低。

（2）自动（半自动）埋弧焊

1）方法：利用电弧产生热量熔化焊丝、焊剂和母材形成焊缝。

2）优点：焊缝质量均匀，内部缺陷少，塑性、冲击韧性好，焊接速度快，生产效率高，成本低，劳动条件好。

3）适用范围：梁、柱、板等的大批量拼装制造焊缝。

① 自动：有规则的较长焊缝

② 半自动：不规则的焊缝或间断短焊缝

（3）CO_2 气体保护焊

1）方法：CO_2 气体作为电弧的保护介质，使熔化金属与空气隔离，以保持焊接过程稳定。

2）优点：焊接速度快，强度高、塑性和抗腐性好。

3）适用范围：厚或特厚钢板的焊接。

2. 焊缝连接形式

可分为对接连接、搭接连接、T形连接、角部连接四种，如图4-2所示。

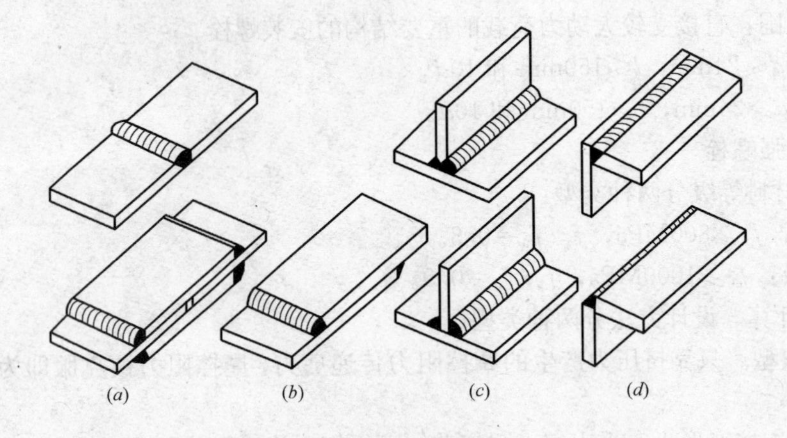

图 4-2　钢结构的焊缝连接形式

（1）对接焊缝

1）焊透的对接焊缝，部分焊透的对接焊缝。

2）正对接焊缝，斜对接焊缝。

（2）角焊缝

1）按沿长度方向的布置：连续角焊缝、断续角焊缝。

2）按外力方向：侧焊缝、端焊缝、斜焊缝。

3. 施焊位置

可分为平焊、立焊、横焊、仰焊，如图 4-3 所示。

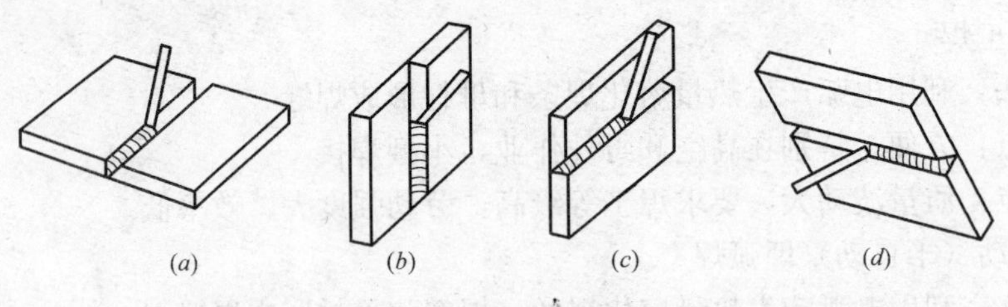

图 4-3　焊缝施焊位置

4.3　对接焊缝的构造

对接焊缝的构造要求如下：

（1）按焊件厚度不同，在焊件边缘加工成不同形式的坡口，常见的坡口形式有 I 形缝、V 形缝、带钝边单边 V 形缝、带钝边 V 形缝（Y 形缝）、带钝边 U 形缝、带钝边双单边 V 形缝和双 Y 形缝等，如图 4-4 所示。

（2）连接不同宽度或厚度的钢板时，应从板的一侧或两侧做成坡度不大于 1∶2.5 的斜角，两钢板厚度＜4mm 时，直接用焊缝找坡，如图 4-5 所示。

（3）为消除焊口的缺陷，施焊时可在焊缝两端设置引弧板，无法采用时，计算时每条焊缝的长度各减去 10mm。

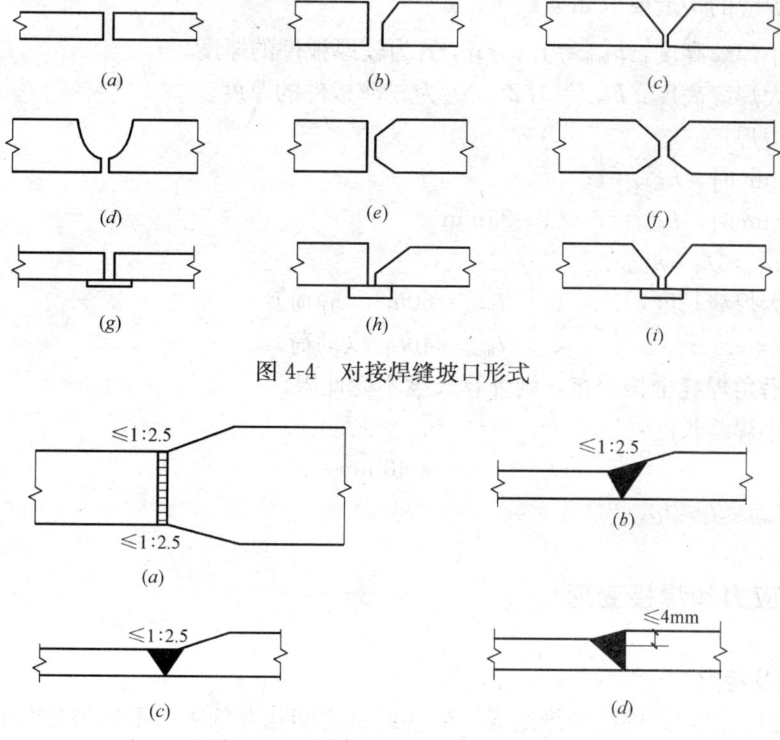

图 4-4　对接焊缝坡口形式

图 4-5　不同宽度或厚度的钢板拼接

4.4　角焊缝的构造

角焊缝按其截面形式可分为直角角焊缝和斜角角焊缝（图 4-6）。两焊脚边的夹角为 90°的焊缝称为直角角焊缝，直角边边长 h_f 称为角焊缝的焊脚尺寸，$h_e=0.7h_f$ 为直角角焊缝的计算厚度。斜角角焊缝常用于钢漏斗和钢管结构中。对于夹角大于 120°或小于 60°的斜角角焊缝，不宜用作受力焊缝（钢管结构除外）。

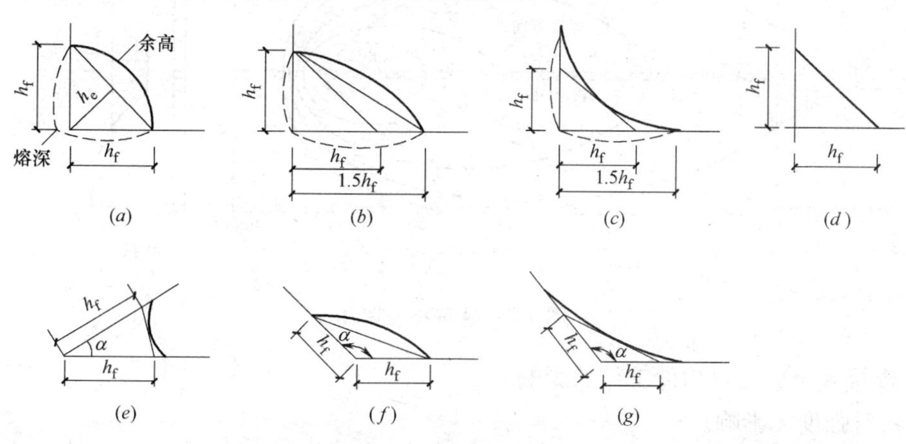

图 4-6　角焊缝截面图

(a)、(b)、(c)、(d) 为直角角焊缝；(e)、(f)、(g) 为斜角角焊缝

直角角焊缝的构造要求如下：

（1）最小焊缝高度：$h_{fmin}=1.5\sqrt{t_1}$，t_1为较厚板件的厚度。

（2）最大焊缝高度：$h_{fmax}=1.2t_2$，t_2为较薄板件的厚度。

对于贴边焊：

当$t\leqslant 6$mm时，$h_{fmax}=t$；

当$t>6$mm时，$h_{fmax}=t-(1\sim 2)$mm

要求：$h_{fmin}\leqslant h_f\leqslant h_{fmax}$。

（3）最大焊缝长度：　　$l_{fmax}=60h_f$　（静荷）

　　　　　　　　　　　$l_{fmax}=40h_f$　（动荷）

若内力沿角焊缝全长分布，则计算长度不受此限。

（4）最小焊缝长度：　　$l_{fmin}=8h_f$

　　　　　　　　　　　$\not<40$mm

要求：$l_{fmin}\leqslant l_f\leqslant l_{fmax}$。

4.5 焊接应力和焊接变形

1. 成因及特点

（1）成因：假定焊件由纤维组成，但各纤维之间相互约束。不均匀分布的温度场，同时存在局部高温，加上纤维间的相互约束，便产生了焊接残余应力。由于约束程度不同，一部分残余应力会以残余变形的形式释放出来。

（2）特点：自相平衡力系。

2. 种类

焊接纵向残余应力和厚度方向残余应力如图4-7、图4-8所示。

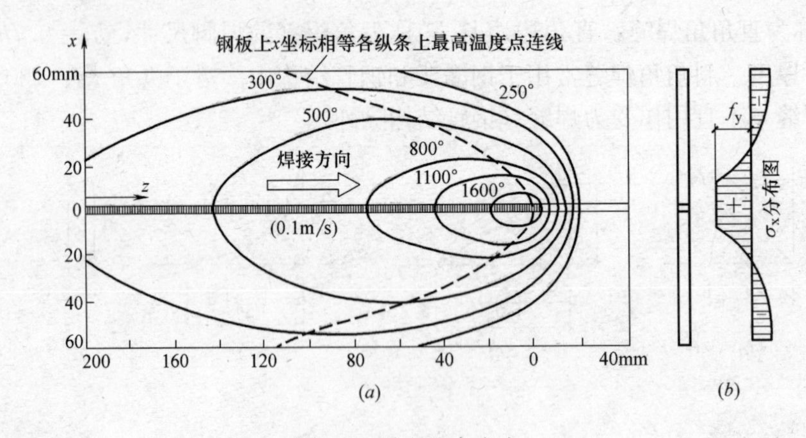

图4-7　纵向残余应力

3. 焊接残余应力对构件工作的影响

（1）对强度无影响。

（2）降低构件的刚度。

（3）降低构件的稳定承载力。由于刚度降低，有效截面减小，过早地进入弹塑性区，

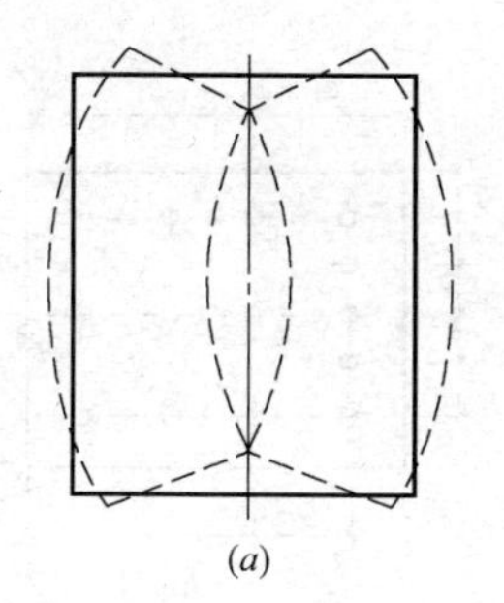

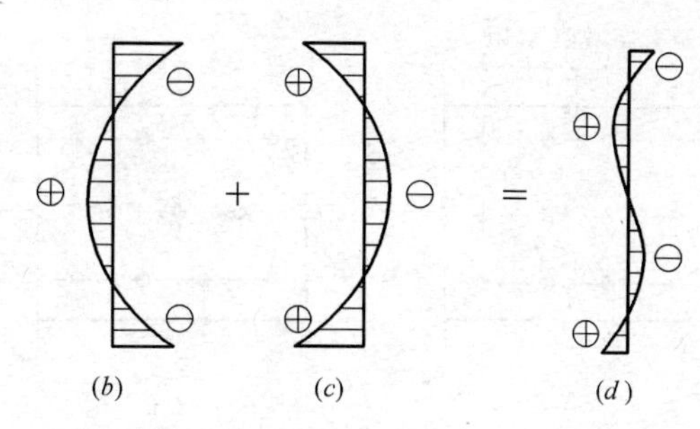

(a)　(b)　(c)　(d)

图 4-8　厚度方向残余应力

弹性模量降低，所以稳定承载力降低（因为 $\sigma_{cr}=\pi^2E/\lambda^2$）。

（4）降低构件的疲劳强度。残余应力的存在，加快了疲劳裂纹的开展速度（双向或三向拉力场），因此，疲劳强度降低。

（5）加剧低温冷脆。材料在低温下呈脆性，焊接残余应力的同号拉力场会阻碍材料塑性的发展，加重了脆性因素。

4. 焊接残余变形对构件工作的影响

（1）构件不平整，安装困难，且产生附加应力。

（2）变轴心受压构件为偏心受压构件。

5. 保证焊接质量及减小焊接残余应力的措施

（1）设计方面：

1）采用细长，不采用短粗的焊缝。

2）对称布置焊缝，减小变形。

3）不等高连接加不大于 1/4 的斜坡，减小应力集中。

4）尽量防止锐角连接。

5）焊缝不宜过于集中，不要出现三向交叉焊缝。

6）注意施焊方便，以保证焊接质量。

（2）工艺方面：

1）焊件预热法。

2）锤击法，减小残余应力。

3）退火法。

4）反变形法。

5）合理布置施焊次序，减小残余变形。

6）局部加热法。

4.6　普通螺栓连接的构造

1. 螺栓连接排列方式

螺栓连接排列方式包括并列和错列两种，如图 4-9 所示。

（1）并列：简单，但截面削弱较大。

（2）错列：可减小截面削弱，但排列较繁。

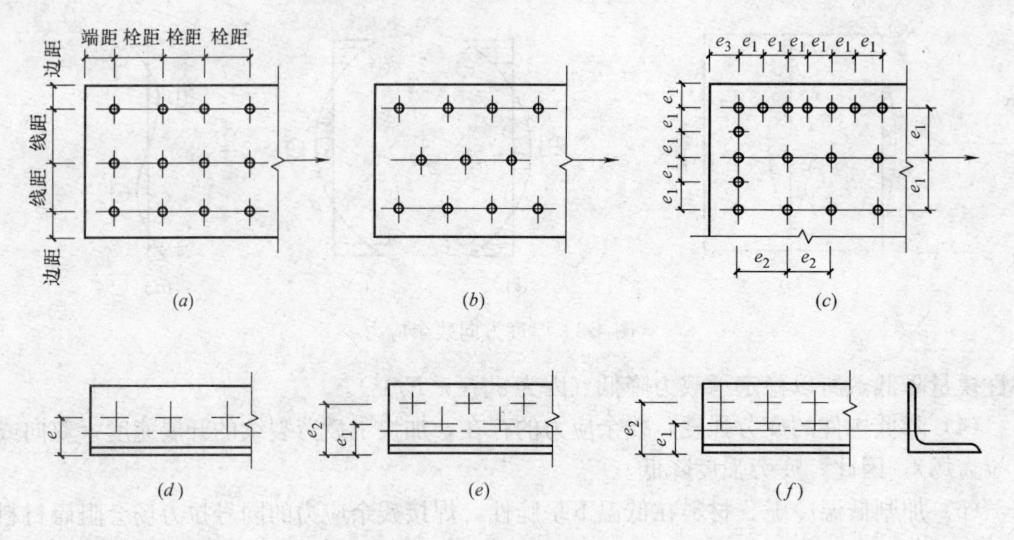

图 4-9　普通螺栓的排列方式

2. 排列要求

（1）受力要求：如边距≥$2d_0$等；

（2）构造要求：间距不能太大，避免压不紧潮气进入，引起腐蚀；

（3）施工要求：螺栓间距不能太近，满足净空要求，便于安装。

4.7　高强度螺栓连接的构造

高强度螺栓连接的构造要求如下：

（1）每一杆件接头的一端，高强度螺栓数不宜少于 2 个。

（2）高强度螺栓孔应采用钻孔，孔径应按表 4-1 采用。

高强度螺栓孔径选配表　　**表 4-1**

螺栓公称直径(mm)	12	16	20	22	24	27	30
螺栓孔直径(mm)	13.5	17.5	22	24	26	30	33

注：承压型连接中高强度螺栓孔径可按表中值减小 0.5～1.0mm。

（3）高强度螺栓的孔距和边距应按表 4-2 的规定采用。

高强度螺栓的孔距和边距值　　**表 4-2**

<table>
<tr><th>名称</th><th colspan="2">位置和方向</th><th>最大值(取两者的较小值)</th><th>最小值</th></tr>
<tr><td rowspan="3">中心间距</td><td colspan="2">外排</td><td>$8d_0$ 或 $12t$</td><td rowspan="3">$3d_0$</td></tr>
<tr><td rowspan="2">中间排</td><td>构件受压力</td><td>$12d_0$ 或 $18t$</td></tr>
<tr><td>构件受拉力</td><td>$16d_0$ 或 $24t$</td></tr>
<tr><td rowspan="3">中心至构件边缘的距离</td><td colspan="2">顺内力方向</td><td rowspan="3">$4d_0$ 或 $8t$</td><td>$2d_0$</td></tr>
<tr><td rowspan="2">垂直内力方向</td><td>切割边</td><td>$1.5d_0$</td></tr>
<tr><td>轧制边</td><td>$1.5d_0$</td></tr>
</table>

注：1. d_0 为高强度螺栓的孔径；t 为外层较薄板件的厚度；

2. 钢板边缘与刚性构件（如角钢、槽钢等）相连的高强度螺栓的最大间距，可按中间排数值采用。

（4）用高强度螺栓连接的梁，其翼缘板不宜超过三层。翼缘角钢面积不宜少于整个翼缘面积的30%。当所采用的大型角钢仍不能满足此要求时，可加腋板。此时，角钢与腋板面积之和不应小于翼缘面积的30%。

当翼缘板不需沿梁通长设置时，理论切断点处外伸长度内的螺栓数，应按与该板1/2净截面面积等强的承载力进行计算。

（5）当型钢构件的拼接采用高强度螺栓时，其拼接件宜采用钢板，型钢斜面应加垫板。

（6）高强度螺栓连接处摩擦面，当搁置时间较长时应注意保护。高强度螺栓连接处施工完毕后，应按构件防锈要求涂刷防锈涂料，螺栓及连接处周边用涂料封闭。

（7）高强度螺栓连接处，设计时应考虑专用施工机具的可操作空间，其最小尺寸见表4-3。

当 a 值小于表4-3要求时，可用长套筒头施拧螺栓，此时套筒头部直径一般为螺母对角线尺寸加10mm，但 b 值需有足够长度。

可操作空间尺寸 **表4-3**

扳手种类	最小尺寸(mm)	
	a	b
手动定扭矩扳手	45	$140+c$
扭剪型电动扳手	65	$560+c$
大六角电动扳手	60	

5　钢结构施工图识读

5.1　钢结构施工图的概念

在建筑钢结构工程设计中，通常将结构施工图的设计分为建筑设计图设计和施工详图设计两个阶段。设计图设计是由设计单位编制完成，施工详图设计是以设计图为依据，由钢结构加工厂深化编制完成，并将其作为钢结构加工与安装的依据。

设计图与施工详图的主要区别是：设计图是根据工艺、建筑和初步设计等要求，经设计和计算编制而成的较高阶段的施工设计图。它的目的和深度以及所包含的内容是作为施工详图编制的依据，它由设计单位编制完成，图纸表达简明，图纸量少。内容一般包括：设计总说明、结构布置图、构件图、节点图和钢材订货表等。施工详图是根据设计图编制的工厂施工和安装详图，也包含少量的连接和构造计算，它是对设计图的进一步深化设计，目的是为制造厂或施工单位提供制造、加工和安装的施工详图，它一般由制造厂或施工单位编制完成，图纸表示详细，数量多。内容包括：构件安装布置图、构件详图等。

5.2　钢结构施工图的基本知识

钢结构施工图是按照一定原理绘制而成的。为了给看图纸作一些技术准备，有必要先讲一讲视图的概念以及视图是如何形成的。

5.2.1　视图

视图就是人从不同的位置所看到的一个物体在投影平面上投影后所绘成的图纸。一般分为平面图，前、后、侧视图和剖视图。

（1）平面图：即人在这个物体的上部往下看，物体在下面投影平面上所投影出的形象。

（2）前、后、侧视图：是人在物体的前、后、侧面看到的这个物体的形象。

（3）剖视图：这是人们假想用一个平面把物体某处剖切开后，移走其中一部分，人站在未移走的那部分物体剖切面前所看到的物体在剖切平面的投影的形象。

图 5-1 中（*a*）为用水平面 H 剖切后，移走上部，从上往下看的上视图。这种图称为平面图（实际是水平剖视图）。另外，图 5-1（*b*）、（*c*）、（*d*）分别称为立面图（实际是前视图）、剖面图（实际是竖向剖视图）、侧立面图（实际是侧视图）。

（4）仰视图：这是人在物体下部向上观看所见到的形象，一般是在室内人仰头观看到的顶棚构造或吊顶平面的布置图形。当天棚无各种装饰时，一般不绘制仰视图。

从视图的形成，说明物体都可以通过投影用面的形式来表达。这些平面图形又都代表了物体的某个部分。施工图纸就是采用这个办法，把想建筑的房屋利用投影和视图的原

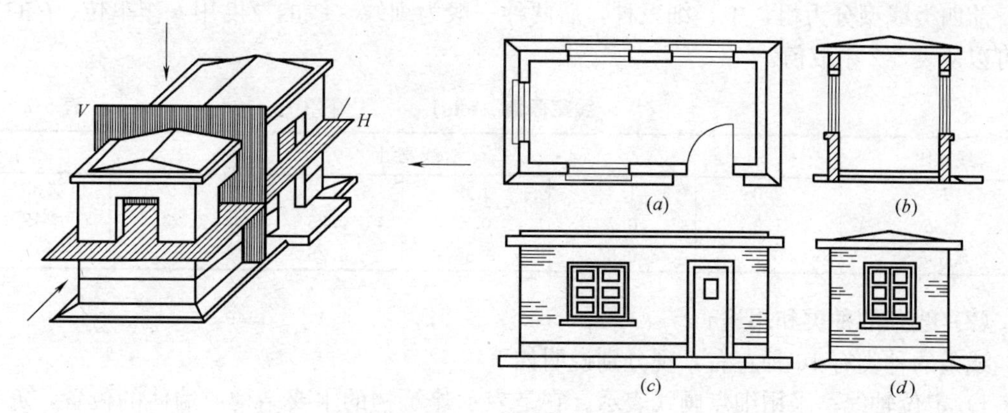

图 5-1　房屋的剖切视图
(a) H 平面剖切视图；(b) V 面剖切视图；(c) 立面图；(d) 侧立面图

理，绘制成立面图、平面图、剖面图等。使人们想象出该房屋的形象，并按照它进行施工变成实物建筑。

5.2.2　钢结构施工图图示的名称符号

为了看懂图纸，必须懂得图上的一些图形、符号，作为看图的准备。

1. 图线

在结构施工图中，为了表示不同的意思，并分清图形的主次，必须采用不同的线型和不同宽度的图线来表示。

(1) 线型的分类

线型分为实线、虚线、点画线、双点画线、折断线、波浪线等，见表 5-1。

线型及线宽　　表 5-1

名称		线型	线宽	一般用途
实线	粗	————	b	主要可见轮廓线
	中	————	$0.5b$	可见轮廓线
	细	————	$0.35b$	可见轮廓线、图例线等
虚线	粗	- - - - - - -	b	见有关专业制图标准
	中	- - - - - - -	$0.5b$	不可见轮廓线
	细	- - - - - - -	$0.35b$	不可见轮廓线、图例线等
点画线	粗	—·—— ·—	b	见有关专业制图标准
	中	—·—— ·—	$0.5b$	见有关专业制图标准
	细	—·—— ·—	$0.35b$	中心线、对称线等
双点画线	粗	——··——	b	见有关专业制图标准
	中	——··——	$0.5b$	见有关专业制图标准
	细	——··——	$0.35b$	假想轮廓线、成形前原始轮廓线
折断线		——⋀——	$0.25b$	断开界线
波浪线		∼∼∼	$0.35b$	断开界线

前四类线型分为粗、中、细三种，后两种一般为细线。线的宽度用 b 作单位、b 的宽度可以从表 5-2 中取值。

线宽取值（mm） 表 5-2

线宽比	线宽组					
b	2.0	1.4	1.0	0.7	0.5	0.35
$0.5b$	1.0	0.7	0.5	0.35	0.25	0.18
$0.35b$	0.7	0.5	0.35	0.25	0.18	

（2）线条的种类和用途

线条的种类有 10 种左右，现分别说明如下：

1）定位轴线；采用细点画线表示。它是表示建筑物的主要结构或墙体的位置，亦可作为标注尺寸的基线。定位轴线一般应编号，在水平方向的编号，采用阿拉伯数字，由左向右依次注写；在竖直方向的编号，采用大写汉语拼音字母，按由下向上顺序注写。轴线编号一般标注在图面的下方及左侧，如图 5-2 所示。

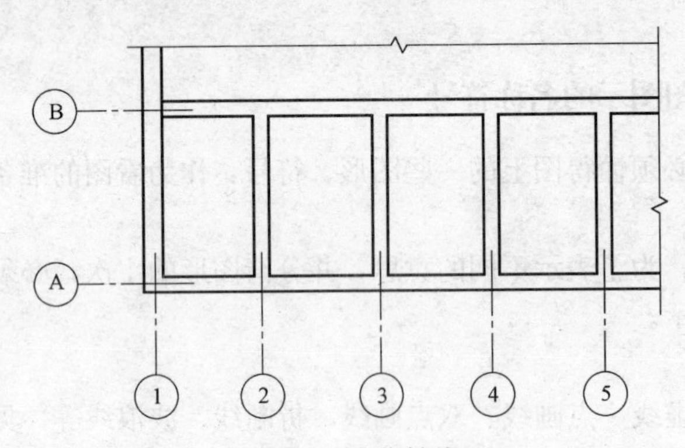

图 5-2 定位轴线

2）剖面的剖切线：一般采用粗实线。图线上的剖切线是表示剖切面的剖切位置和剖视方向。编号是根据剖视方向注写于剖切线的端部，如图 5-3 所示，

3）中心线：用细点画线或中粗点画线绘制，是表示建筑物或构件的中心位置，图5-4 是一座屋架中心线的表示。

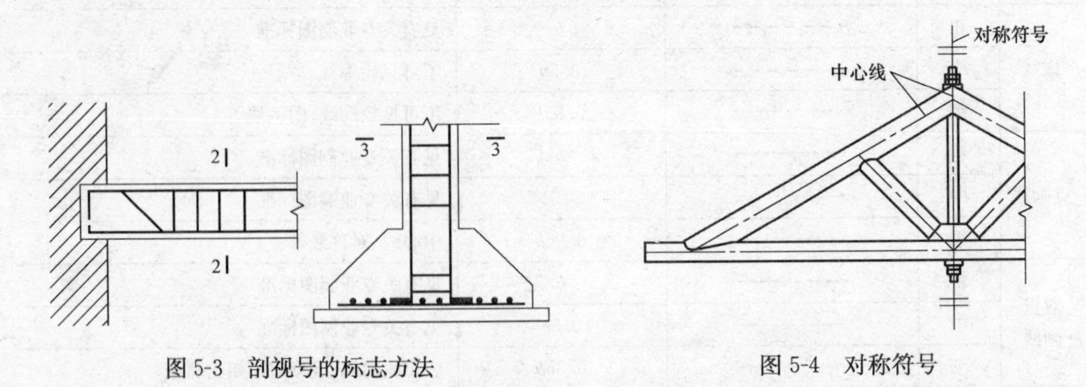

图 5-3 剖视号的标志方法

图 5-4 对称符号

4）尺寸线：多数用细实线绘出。在图上表示各部位的实际尺寸，它由尺寸界线、起止点的短斜线（或圈黑点）和尺寸线所组成。尺寸界线有时与房屋的轴线重合，它用短竖

线表示、起止点的斜线一般与尺寸线成45°角，尺寸线与界线相交，相交处应适当延长一些，便于绘短斜线后使人看得清晰，尺寸大小的数字应填写在尺寸线上方的中间位置。尺寸线的表示方法如图2-16、图2-17所示。

5）引出线：用细实线绘制。是为了注释图纸上某一部分的标高、尺寸、做法等文字说明，因为图面上书写部位尺寸有限，而用引出线将文字引到适当部位加以注解。引出线的形式如图5-5所示。

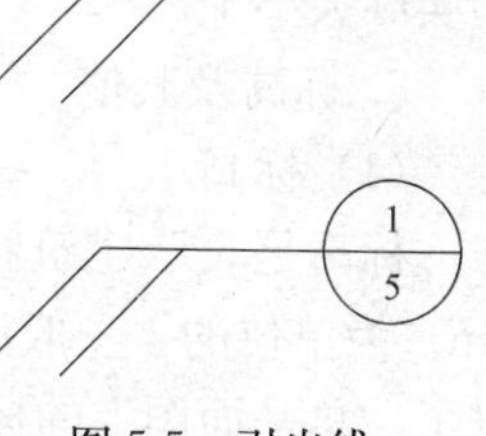

图5-5　引出线

6）折断线：一般采用细实线绘制。折断线是绘图时为了少占图纸而把不必要的部分省略不画的表示，如图5-6所示。

7）虚线：线段及间距应保持长短一致的断续短线，在图上有中粗、细线两类。它表示：①建筑物看不见的背面和内部的轮廓或界线；②设备所在位置的轮廓。一个基础杯口的位置和一个房层内锅炉安放的位置如图5-7所示。

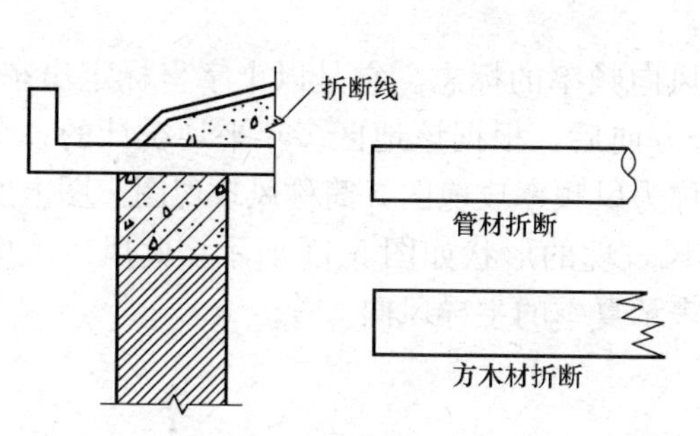

图5-6　折断线表示方法

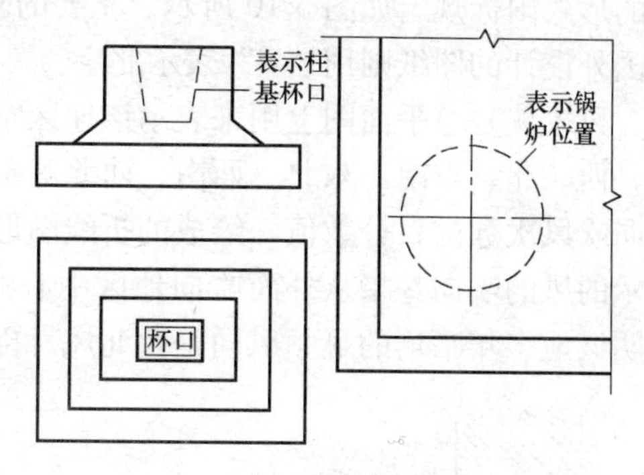

图5-7　虚线

8）波浪线：可用中粗线或细实线徒手绘制。它表示构件等局部构造的层次和构件的内部构造，也可勾出基础配筋构造，如图5-8所示。

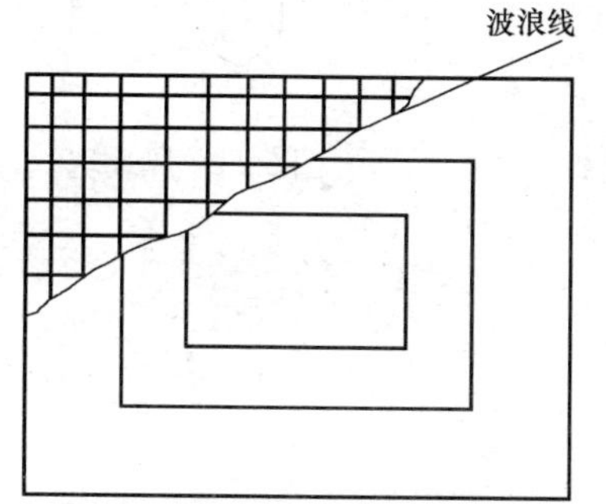

图5-8　波浪线

9）图框线：用粗实线绘制。表示每张图纸的外框。外框线应按国标规定的图纸规格尺寸绘制。

10）其他线：图纸本身图面用的线条，一般由设计人自行选用中粗或细实线绘制，如剖面详图上的阴影线，可用细实线绘制，以表示剖切的断面。

2. 图纸的尺寸和比例

（1）图纸的尺寸

一栋建筑物、一个建筑构件，都有长度、宽度、高度。它们需要用尺寸来表明它们的大小。平面图上的尺寸线所示的数字即为图面某处的长度尺寸。按照国家标准规定，图纸上除标高及总平面图上的尺寸用米为单位标注外，其他尺寸一律用毫米为单位。为了统一，所有以毫米为单位的尺寸在图纸上就只写数字不再注单位了。数字的单位如不是毫米，则需要进行标注。

（2）图纸的比例

图纸上标出的尺寸，是通过把所要绘制的建筑物缩小几十倍、几百倍甚至上千倍绘成图纸。把这种缩小的倍数叫做“比例”。如在图纸上用1cm的长度代表的实物长度为1m（也就是代表实物长度100cm），那么就称用这种缩小的尺寸绘出的图纸比例为1：100。了解了图纸的比例之后，只要量得图上的实际长度再乘上比例倍数，就可以知道该建筑物的实际大小了。

3. 标高及其他

（1）标高

标高是表示建筑物的地面或某一部位的高度。在图纸上标高尺寸的标法都是以米（m）为单位的，一般注写到小数点后三位，在总平面图上只要注写到小数点后两位就可以了。总平面图上的标高用全部漆黑的三角表示，例如，▼ 75. 50。在其他图纸上都用如图5-9所示的方法表示。

（2）指北针与风玫瑰

在总平面图及首层的建筑平面图上，一般部绘有指北针，表示该建筑物的朝向。指北针的形式国标规定如图5-10所示。主要的画法是在尖头处注明“北”字。如是涉外工程，或国外设计的图纸则用“N”表示北字。

风玫瑰是总平面图上用来表示该地区常年风向频率的标志。它是以十字坐标定出东、南、西、北、东南、东北、西南、西北等16个方向后，根据该地区多年平均统计的各个方向吹风次数的百分数值，绘成的折线图形，称为风频率玫瑰图，简称风玫瑰图。图上所表示的风的吹向是指从外面吹向地区中心的。风玫瑰的形状如图5-11所示，此风玫瑰图说明该地多年平均的最频风向是西北风。虚线表示夏季的主导风向。

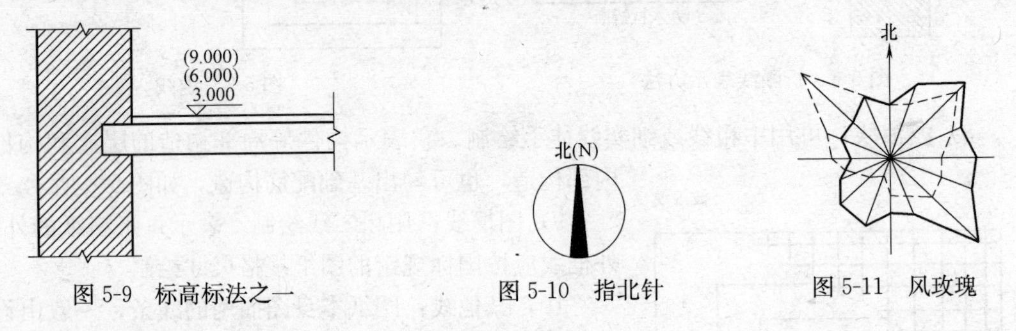

图5-9　标高标法之一　　图5-10　指北针　　图5-11　风玫瑰

另外，索引标志、图中各种符号请阅读有关规范。

5.3 钢结构看图的方法

5.3.1 看图的方法

一般是先要弄清是什么图纸，要根据图纸的特点来看，将看图经验归纳为：从上往下看、从左往右看、从外向里看、从大到小看、从粗到细看，图纸与说明对照看，建筑施工图与结构施工图结合看。有必要时还要把设备图拿来参照看。但是由于图纸上的各种线条纵横交错、各种图例、符号繁多，对初学者来说，开始看图时必须要有耐心，认真细致，并要花费较长的时间，才能把图看明白。

5.3.2 看图的步骤

（1）一般按以下步骤来看图：先把目录看一遍。了解是什么类型的建筑，是工业厂房还是民用房屋，建筑面积有多大，是单层、多层还是高层，是哪个建设单位、哪个设计单位，图纸共有多少张等。接下来按照图纸目录检查各类图纸是否齐全，图纸编号与图名是否符合。如采用相配套的标准图，则要了解标准图是哪一类的，图集的编号和编制的单位。

（2）看图程序是：

1）先看设计总说明，以了解建筑概况、技术要求等，然后再进行看图。

2）按目录的排列逐张的看，如先看建筑总平面图，了解建筑物的地理位置、高程、坐标、朝向以及与建筑物有关的一些情况。如果你是一个施工技术人员，看了建筑总平面图之后，就需要进一步考虑施工时如何进行施工的平面布置。

3）看完建筑总平面图之后，一般先看施工图中的平面图，从而了解房屋的长度、宽度、轴线间尺寸、开间大小、内部一般的布局等。看了平面图之后可再看立体图和剖面图，从而达到对建筑物有一个总体的了解，能在头脑中形成这栋房屋的立体形象，能想象出它的规模和轮廓。这就需要运用自己的生产实践经验和想象能力了。

4）在对每张图纸经过初步全面阅览之后，在对建筑、结构、水、电设备的大致了解之后，就可以根据施工程序的先后，从基础施工图开始深入看图了。

先从基础平面图、剖面图了解挖土的深度，基础的构造、尺寸、轴线位置等开始仔细地看图。按照：基础—钢结构—建筑，结合设施（包括各类详图）的施工程序进行看图，遇到问题可以记下来，以便在继续看图中得到解决，或到设计交底时再提出，以便得到答复。

在看基础施工图时，还应结合看地质勘探图，了解土质情况，以便施工中核对土质构造，保证地基土的质量。

5）在图纸全部看完之后，可按不同工种有关的施工部分，将图纸再细读，如砌砖工序要了解墙多厚、多高，门、窗口多大，是清水墙还是混水墙，窗口有没有出檐，用什么过梁等。木工工序则关心哪里要支模板，现浇钢筋混凝上梁、柱，就要了解梁、柱断面尺寸、标高、高度等；除结构之外，木工工序还要了解门窗的编号、数量、类型和建筑上有关的木装修图纸。钢筋工序则凡是有钢筋的地方，都要看细，才能配料和绑扎。钢结构工序要了解钢材、结构形式、节点做法、组装放样、施工顺序等。其他工序都可以从图纸中看到施工需要的部分。除了会看图之外，有经验的技术人员还要考虑按图纸的技术要求，如何保证各工序的衔接以及工程质量和安全作业等。

随着生产实践经验的增长和看图知识的积累，在看图中还应该对照建筑图与结构图查看有无矛盾，构造上能否施工，支模时标高与砌砖高度能不能对口（俗称能不能交圈）等。通过看图纸，详细了解要施工的建筑物，在必要时边看图边做笔记，记下关键的内容，在忘记时备查。这些关键的东西是轴线尺寸，开间尺寸，层高，楼高，主要梁、柱截面尺小、长度、高度；混凝土强度等级，砂浆强度等级等。当然在施工中不能一次看图就能将建筑物全部记住，还要再结合每个工序再仔细看与施工时有关的部分图纸。要做到按图施工无差错，才算把图纸看懂了。

在看图中如能把一张平面上的图形，看成为一栋带有立体感的建筑形象，那就具有了一定的看图水平了。当然这不是一朝一夕所能具备的，而要通过积累、实践、总结，才能取得。

6 钢结构构件的连接节点

连接节点的设计是钢结构设计中重要的内容之一，它是保证钢结构安全的重要部位，对结构受力有着重要影响。钢结构的节点连接，可采用焊接、高强度螺栓连接或栓焊混合连接。根据世界震害实录分析表明，许多钢结构都是由于节点首先破坏而导致建筑物整体破坏，因此节点设计是整个设计工作的重要环节。

6.1 节点设计的基本原则

节点设计一般应遵循以下原则：

(1) 节点受力应力求传力简捷、明确，使计算分析与节点的实际受力情况相一致。

(2) 保证节点连接有足够的强度，使结构不致因连接较弱而引起破坏。

(3) 节点连接应具有良好的延性。

(4) 构件的拼接一般应按等强度原则设计，亦即拼接件和连接强度应能传递断开截面的屈服承载力。

(5) 尽量简化节点构造，以便于加工及安装时容易就位和调整。

6.2 节点的抗震设计

1. 连接节点验算内容

节点设计有非抗震设计和抗震设计之分。当为非抗震设计时，结构受风荷载控制，其节点连接处于弹性受力状态，因此连接的承载力验算可按杆件内力设计值进行，重要部位也可按等强度原则进行设计。要求抗震设防的结构，当风荷载起控制作用时，仍应满足抗震构造要求。在抗震设计的结构中，连接的极限承载力应高于构件的屈服承载力。大震时，结构将部分地进入塑性，应具有足够的变形能力，即节点具有良好的延性。节点抗震设计的目的，在于保证构件产生充分的塑性变形时节点不致破坏。为此，框架结构中梁与柱的连接节点应验算以下各项：

(1) 节点连接在弹性阶段的承载力设计值和弹塑性阶段的极限承载力；

(2) 构件塑性区的局部稳定（即板件宽厚比）；

(3) 受弯构件塑性区侧向支承点的距离。

关于抗震结构构件连接（焊缝及高强度螺栓摩擦型连接等）的承载力验算，“高钢规程”规定了弹塑性阶段根据高于构件本身的屈服承载力，验算连接的极限承载力，但未明确要对弹性阶段根据构件地震作用组合内力验算连接的承载力设计值。现行抗震规范(GB 50011—2010) 已明确规定对后者也应作验算。这是因为在某些情况下，连接的设计要求，取决于弹性阶段的承载力计算。例如，关于梁与柱刚接时的连接承载力，《建筑抗震设计规范》(GB 50011) 要求按弹性阶段对梁上下翼缘的连接和腹板的连接作承载力的补充计算，且对梁腹板的连接规定除计入剪力外，还应计入弯矩的影响。

本章中所述构件间连接的承载力验算内容，主要是关于弹塑性阶段连接的极限承载力，

对于弹性阶段或非抗震结构的承载力设计值计算，可按现行的钢结构设计规范有关规定进行。

2. 构件塑性区的局部稳定

在框架节点中，梁柱可能出现塑性铰的区段（自构件端部算起，约十分之一跨长或两倍的截面高度范围），构件能出现延性性能和对非弹性能量的吸收，因此，应控制板件的宽厚比，防止构件丧失局部稳定，保证耗能作用的发挥。

受压板件的宽厚比，随截面塑性变形发展的程度不同，可分为三个不同的结构等级。

结构等级Ⅰ：全截面进入塑性阶段，截面出现塑性铰，有转动能力。

结构等级Ⅱ：截面虽进入塑性阶段，但不要求有转动能力。

结构等级Ⅲ：截面达到边缘屈服，即传统的按弹性设计的要求。

结构等级Ⅰ相当于8度或9度抗震设防要求，结构等级Ⅱ相当于7度抗震设防要求，结构等级Ⅲ相当于6度或非抗震设防要求，各类构件的板件宽厚比均有明确规定。

处于抗震设防烈度≥7度的框架柱，按照强柱弱梁的要求，柱一般不会出现塑性铰，但考虑到材料性能的变异、截面尺寸偏差以及竖向地震作用等因素，柱在个别情况下也有出现塑性铰的可能，因此，柱的板件宽厚比也应按考虑塑性发展加以限制，不过不需要像梁那样严格，因此，板件的宽厚比在规定上有些差异。

3. 受弯构件侧向支承要求

抗震设防烈度≥7度的高层钢结构，由于在罕遇地震作用下，梁进入塑性阶段，为了保证塑性铰的形成，在构件可能出现塑性铰的部位，必须设置侧向支承，该支承点与相邻支承点间构件长细比 λ_y，应满足《钢结构设计规范》(GB 50017—2003) 的规定。

侧向支承杆必须有足够的强度和刚度，在梁产生全塑性弯矩时，腹板在中和轴以下部分为受拉区，以上部分为受压区，故可近似地把梁中和轴以上的部分看作受压至屈服的T形截面轴心受压杆，且不受下半部的约束，在侧向失稳时，该压杆承受的压力为

$$C=Af_y/2$$

梁的侧向力 F 大约为此压杆轴力的1%～3%，取其中间值，则

$$F=0.02C$$

《钢结构设计规范》(GB 50017—2003) 规定：

$$F=\frac{A_f \cdot f}{85}\sqrt{f_y/235}$$

式中 A_f——梁受压翼缘的截面面积。

抗震框架主梁除端部设置隅撑外，在跨中部分靠设置次梁来支撑，次梁的间距一般不超过3.6m，设计时同样应满足相邻支承点对构件长细比 λ_y 的要求。

6.3 梁与柱的连接

在高层钢结构的节点设计中，梁-柱连接的节点是关键的节点，根据梁对柱的约束刚

度（转动刚度），节点的连接大致可分为刚性连接、半刚性连接和铰接连接三种类型。为简化计算，通常假定梁柱节点为完全刚接或完全铰接的，但梁柱节点试验表明，一般节点中的弯矩和其相对转角的关系既非完全刚接，也非完全铰接，而是呈非线性连接状态。梁-柱连接类型，可由梁柱节点连接处的弯矩 M 和转角 θ 的关系大致确定，如图 6-1 所示。

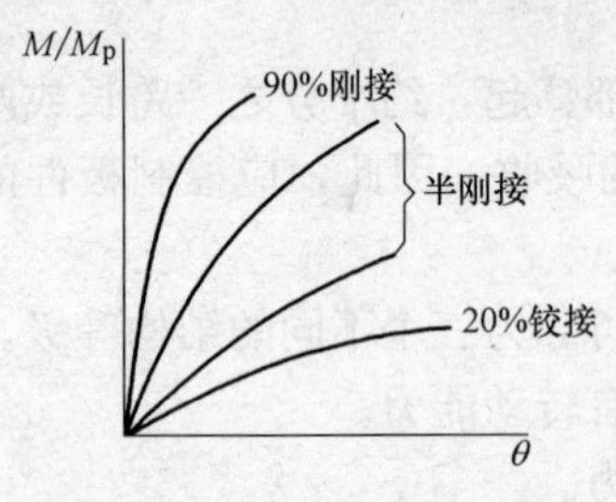

图 6-1　梁柱连接的 M-θ 曲线

1. 梁-柱的刚性连接

主梁与柱的刚性连接系指那些具有足够刚度，能使所连接的构件间夹角在达到承载能力之前，实际不变的接头，它的连接强度不低于被连接构件的屈服强度。凡抵抗侧力的框架和梁-柱的抗弯连接，均采用刚接方案。其构造形式分为：

（1）全焊节点，梁的上下翼缘用坡口全熔透焊缝，腹板用角焊缝与柱翼缘相连接。

（2）栓焊混合节点，即仅在梁上下翼缘用全熔透焊缝，腹板则用高强度螺栓与柱翼缘上的剪力板相连接。

（3）全栓接节点，梁翼缘与腹板借助 T 形连接件用高强度螺栓与柱翼缘相连。

主梁与柱的刚接通常为柱贯通型，有时也采用梁贯通型。梁贯通型梁柱连接偶尔可见于箱形梁与柱的连接，它的优点是使梁的上下柱便于改变截面尺寸，当设计上考虑柱的变截面要求时，在制作上易于实现。

主梁与柱刚接时，在弹性阶段应验算以下各项：

（1）主梁与柱的连接承载力。校核梁翼缘和腹板与柱的连接在弯矩和剪力作用下的承载力。

（2）柱腹板的抗压承载力。在梁受压翼缘引起的压力作用下，柱腹板由于屈曲而破坏。

（3）节点板域的抗剪承载力。

2. 梁-柱由 T 形连接件连接

梁-柱连接可采用 T 形连接件通过高强度螺栓连接，如图 6-2 所示。T 形连接件可由 H 型钢切成，也可铸成。用 T 形连接件可简化节点的制造与安装，公差容易保证，施工时在工地拧紧高强度螺栓即可。

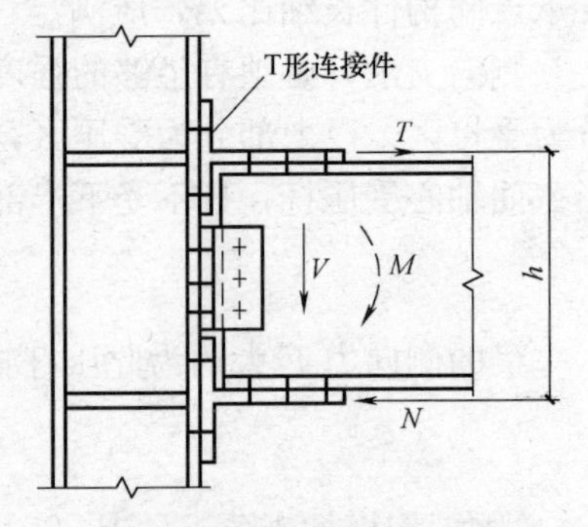

图 6-2　梁-柱 T 形件连接

由 T 形连接件连接的梁柱节点，其转动刚度在很大程度上受螺栓预拉力和 T 形件翼缘抗弯能力的影响，在地震作用下，难以满足刚接要求，当按非抗震设计时，也应考虑节点的柔性。

3. 梁-柱的端板连接

在框架结构梁柱节点的连接中，有时采用端板连接。此端板焊于梁端部横截面上，并用高强度螺栓与柱翼缘相连，如图 6-3 所示。端板连接节点安装比较方便，但对梁的长度尺寸的要求比较严格。

利用端板连接的节点，一般为半刚性连接。当端板厚度较小，而变形较大时，端板受到撬开的作用，而出现附加撬力和弯曲现象，其受力状况与 T 形连接相似。

由端板的受力和变形分析可知，端板上、下两部分受力自相平衡，所以完全可将上下两部分端板分离出来，形同两个T形连接件，而其受力和变形也与T形连接相同。和T形连接一样，端板的尺寸和连接螺栓直径均会影响节点的承载能力，而且，端板尺寸和螺栓直径又是相互影响和制约的。因此，随着端板和螺栓刚度强弱变化会出现不同的失效机构（图6-4）。图6-4（a）为端板和连接螺栓等刚度时的受力及失效（破坏）机构，端板和连接螺栓同时失效，它们的承载力均得到充分利用，此时由于端板和连接螺栓具有相等的刚度，所以计算中两者的变形均应考虑，不得忽略。图6-4（b）为连接螺栓刚度大于端板抗弯刚度时的受力及失效机构，这种情况常以端板出现塑性铰而失效，所以计算时忽略螺栓的弹性变形，按端板的塑性承载力设计。图6-4（c）为端板刚度远大于螺栓刚度时的受力及破坏机构，它常发生在端板厚度 $t_p \geqslant 2d_b$ 的情况（d_b 螺栓直径），常以栓拉断而失效，因此，计算中假定，端板绝对刚性，无板端撬力 Q 存在。在端板连接的设计中，通常按第二种情况，即连接螺栓刚度大于端板刚度的情况来考虑。

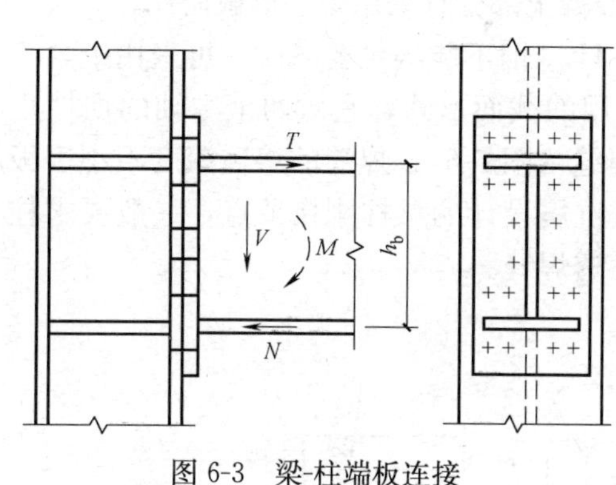

图6-3　梁-柱端板连接

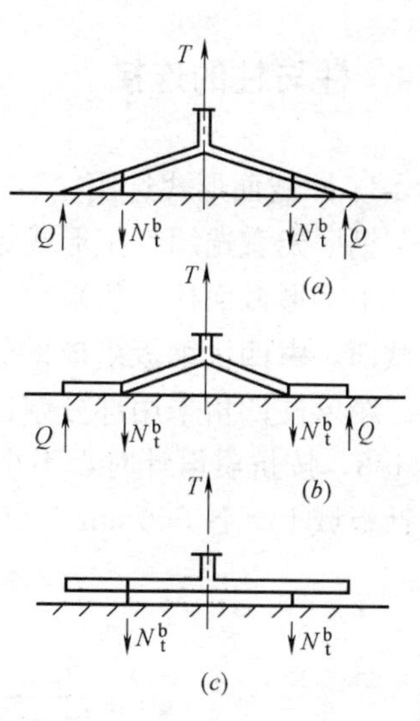

图6-4　端板受力及失效机构

4. 梁-柱的柔性连接

柔性连接只能承受很小的变矩，这种连接实际上是为了实现简支梁的支承条件，即梁端没有线位移，但可以转动。梁和柱的柔性连接在工程中应用也比较广泛，在高层钢结构框架中，梁-柱铰接的框架均可采用这种连接，在设计上则视为铰接。

由梁腹板连接角钢（或节点板）或由支座连接角钢传递剪力的节点是典型的梁-柱柔性连接节点（图6-5）。实际上绝对的铰接是不存在的，角钢的刚度和紧固件的排列对梁端的旋转仍产生一定的抗力，但约束度比较小，估计梁腹板由角钢连接的梁柱柔性节点对梁端所产生的约束度，约为全刚性抗弯节点的10%，支座连接角钢节点的旋转抗力和约束度与腹板连接角钢相比，大致在同一级别上。这些连接能传递有限的弯矩值，在设计中可不予考虑，它们的延性足以容许被连接梁的充分转动。

与梁腹板相连的高强度螺栓除承受梁端剪力外，还应考虑偏心弯矩 $M=Ve$（e 为支承点到螺栓的距离）的作用（图6-5a），这种偏心的附加作用一般不影响柱的设计。

支座节点中的上角钢主要为梁提供稳定性（图6-5b），全部剪力看成由支座角钢的焊缝传递给柱子。支座角钢的厚度由承载肢的临界弯曲应力控制，在无加劲角钢支托的情况

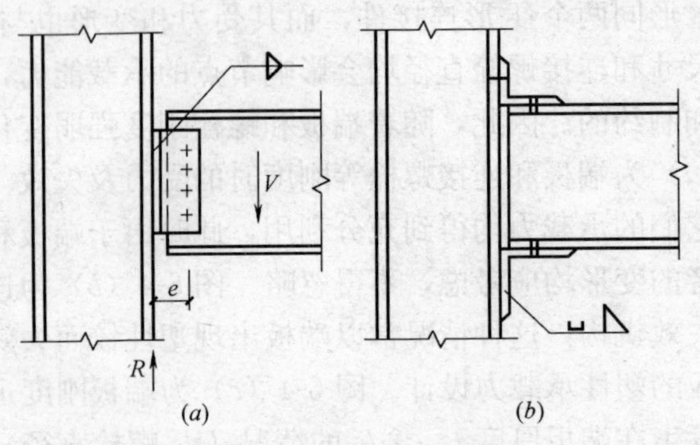

图 6-5 梁-柱的柔性连接

下，应验算支托角钢的厚度。

6.4 柱与柱的连接

1. 柱截面形式选用

钢框架宜选用工字形或箱形截面柱，型钢混凝土部分宜采用十字形截面柱。

工字形截面柱一般采用宽翼缘 H 型钢。当 H 型钢不能满足要求时，可采用组合工字形截面。由四块钢板组成的箱形截面柱，是常用的截面形式，它对两个主轴的惯性矩相等。箱形柱四角采用部分熔透的 V 形或 U 形焊缝（图 6-6），焊缝的熔透深度不小于板厚的 1/3，按抗震设计时，不小于板厚的 1/2。按抗震设计的梁柱刚接节点，一般要求柱在包括板域上下各 500mm 节点区范围内采用全熔透焊缝。

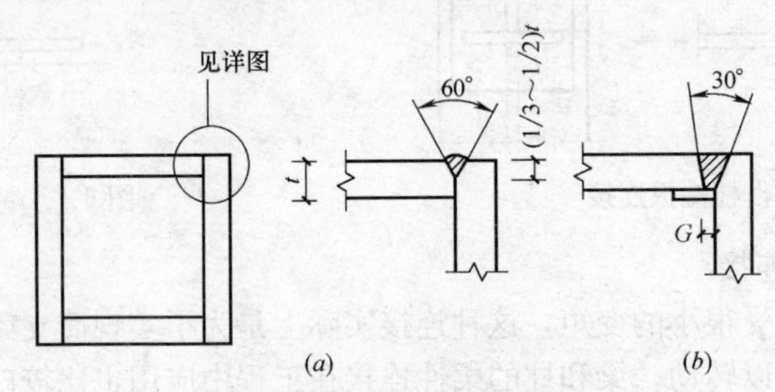

图 6-6 箱形柱角部组合焊缝

(a) 部分焊透焊缝；(b) 全熔透焊缝

十字形截面柱可由钢板组合，或由两个 H 型钢组合而成。用 H 型钢组合时，其中一个先沿轴线对开，再与另一个焊在一起（图 6-7）。组合焊缝采用部分熔透的 K 形坡口焊缝，每边的熔透深度为 1/3 板厚。

十字形柱采用三角形水平加劲板代替横隔板（剖面 A—A），同时沿柱长每隔约 0.75mm 设置一道翼缘缀板（剖面 B—B），不仅有助于在加工过程中柱截面形状不变，并使局部稳定得到加强。

2. 柱的承压接头

按非抗震设计的高层钢结构，当柱截面弯矩作用较轴力小，截面不产生拉力的情况下，可通过上下柱接触面直接传递 25%的轴力，柱的上下端应铣平，并与轴线垂直。

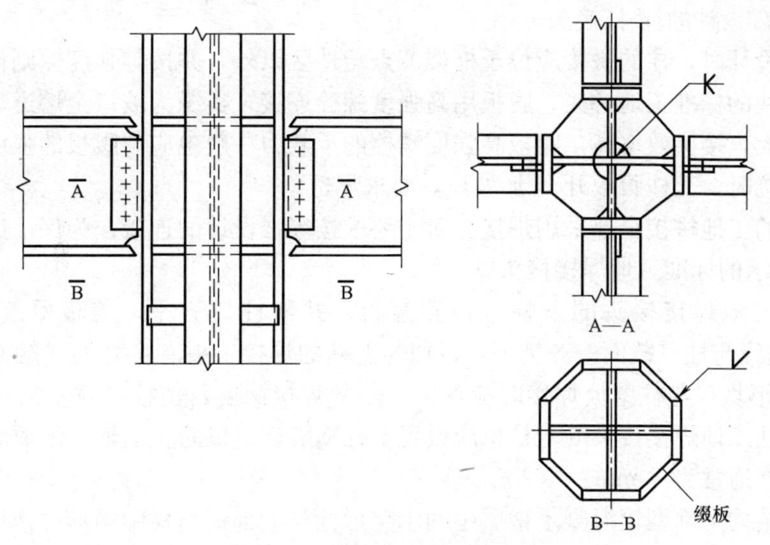

图 6-7　十字形柱的构造和连接

部分熔透焊缝无论是单边 V 形坡口或 J 形坡口，都可用于柱承压接头的工地拼接（图 6-8），其焊接深度不小于板厚的一半。单边 V 形坡口的焊缝有效厚度（t_e）等于实际焊厚（t）减去 3mm，减少一些是因为焊缝可能达不到连接的根部。J 形坡口的焊缝有效厚度（t_e）等于实际焊厚的厚度。

对 H 型钢柱，腹板采用高强度螺栓连接，便于柱子对中就位，翼缘采用部分熔透焊缝（图 6-9）。对箱形截面柱的工地拼接，是在 4 个侧面由部分熔透的单边 V 形坡口或 J 形坡口的水平焊缝连接（图 6-10），同时设置安装耳板，而便于安装就位。

柱的接头一般位于主梁以上 1.0～1.3m。

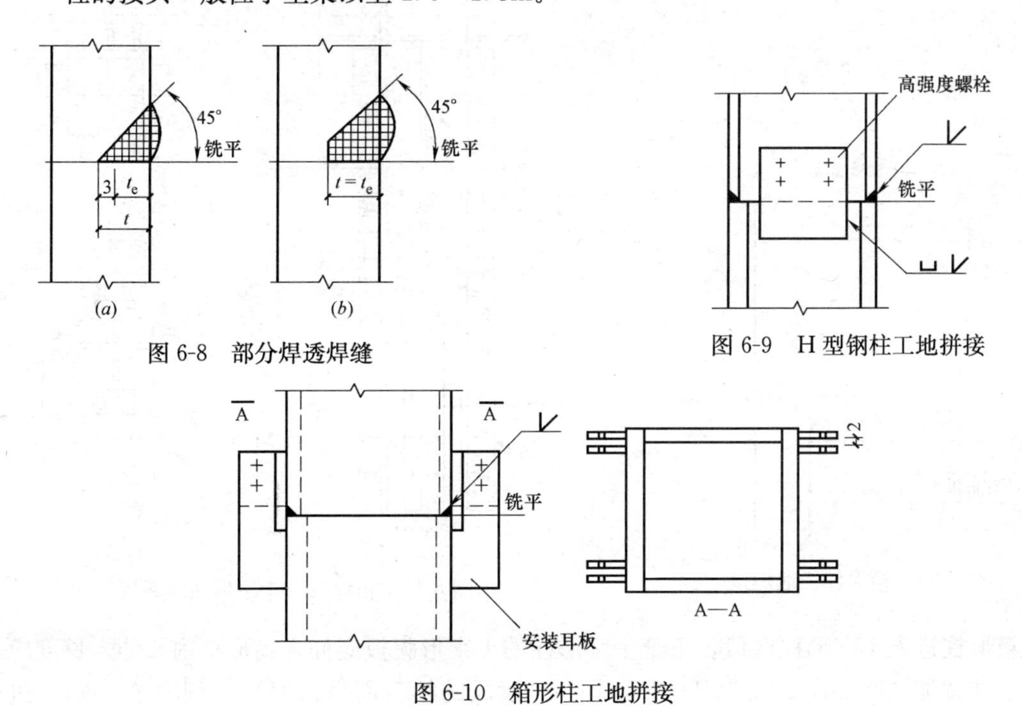

图 6-8　部分焊透焊缝

图 6-9　H 型钢柱工地拼接

图 6-10　箱形柱工地拼接

3. 按抗震设计的柱-柱接头

按抗震设计时，柱的拼接应位于框架节点塑性区以外，并按等强度原则设计。

工字形柱的标准工地拼接，腹板用高强度螺栓连接，翼缘为坡口全熔透焊接，因为翼缘抗弯能力大，接头效率高，腹板高强度螺栓的承载力一般也应与腹板的强度等强。当采用全熔透连接时，上柱腹板开K形坡口，要求焊透。

箱形柱的工地拼接全部采用焊接。对于要求按等强设计的连接，为保证熔透，一般采用图6-11所示的标准工地焊接接头。

箱形柱工地焊接接头的下柱应设置盖板，并与柱口齐平，盖板厚度一般不小于16mm，其边缘与柱口截面一齐刨平，以便与上柱的焊接垫板有良好的接触面。下柱盖板采用单边V形坡口与柱壁板焊接时应保证一定的焊接深度，使柱口铣平后，不致将焊根露出。箱形柱工地焊接接头的上柱也应设置上柱横隔板，以防止运输、堆放和焊接时截面变形，其厚度通常为10mm。

高层钢结构下部型钢混凝土楼层中的十字形柱与上部钢结构中箱形柱连接，设计时应考虑结构形式变化处力的传递平滑，连接处要满足两项要求，一是箱形柱的一部分力要平滑地传递给混凝土，二是箱形柱的另一部分力要传递给下面十字形柱（图6-12）。为使传力平滑和提高结构的整体性，一般设置栓钉，栓钉的数量参考下述两种方法计算确定。第一种方法，考虑将力传给截面面积比箱形柱小的十字形柱，不足部分由栓钉剪力传给混凝土；第二种方法，将支持箱形柱周边混凝土得到的轴力，通过栓钉剪力传递。试验研究表明，栓钉的作用并不明确，也有不用栓钉的例子，栓钉数量对承载力没有明显的影响。《高钢规程》规定栓钉间距和列距在过渡段内宜采用150mm，不大于200mm，在过渡段外不大于300mm。

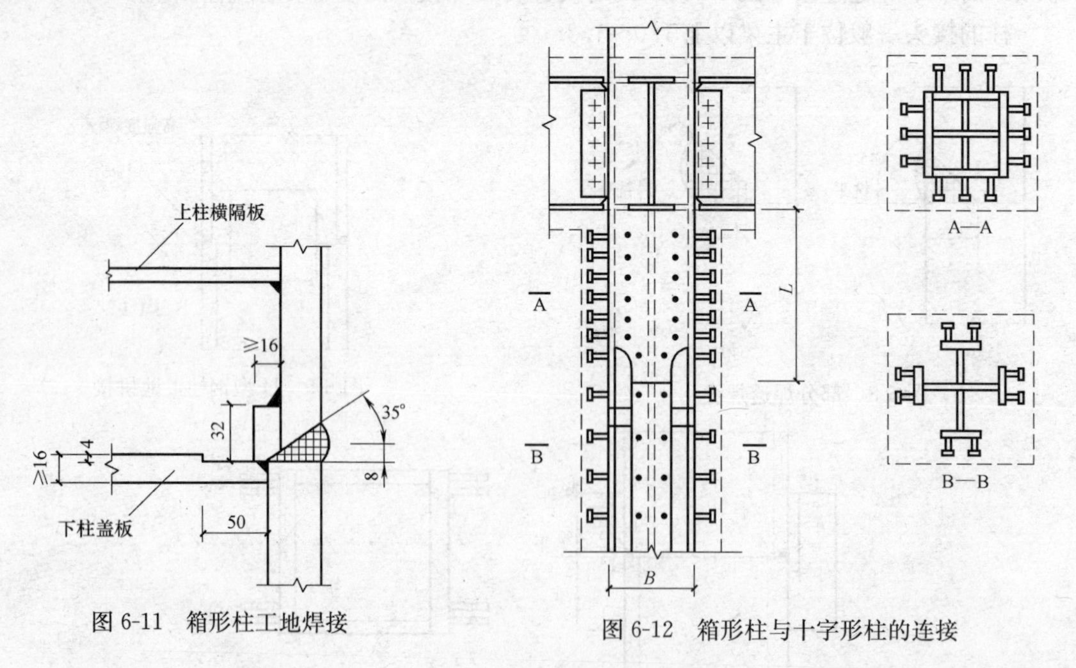

图6-11　箱形柱工地焊接

图6-12　箱形柱与十字形柱的连接

箱形柱进入十字形柱区段，下部十字形柱的十字形腹板应伸入箱形柱内，伸入长度应不小于柱宽加200mm，即$L \geqslant B+200$mm。过渡段的柱截面呈田字形（剖面A—A），过渡段在主梁下并紧靠主梁。

型钢混凝土内的十字形柱的工地拼接，在高层建筑框架结构中应采用焊接，在裙房框架结构中可采用高强度螺栓连接；在不出现拉力的情况下，也可采用由柱端紧密接触传递部分压力。当采用焊接时，上柱翼缘开单边V形坡口，上柱腹板开K形坡口，要求焊透。

4. 柱的变截面连接

柱需要变截面时，一般采用保持柱截面高度不变，仅改变翼缘厚度的方法。若改变柱截面高度，对边柱可采用图6-13（*a*）的做法，不影响挂外墙板，但应考虑上下柱偏心所产生的附加弯矩，对内柱可采用图6-13（*b*）所示的做法。

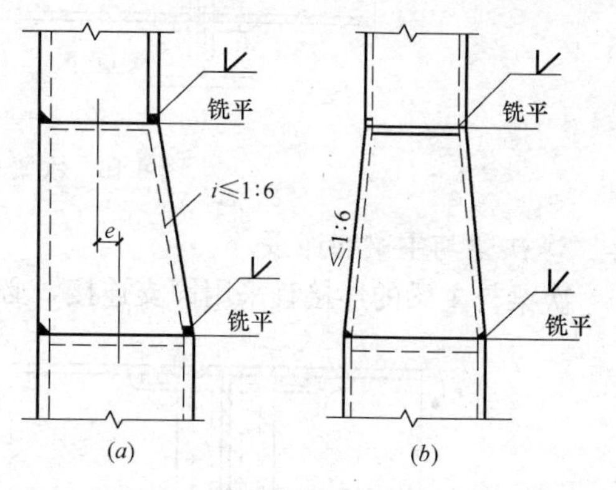

图6-13　柱的变截面连接（Ⅰ）

箱形截面柱变截面处上下端应设置横隔，现场拼接处上下柱端铣平，周边坡口焊接。另一种做法是变截面段大于主梁截面高度。变截面接头距主梁翼缘均留有一定的距离，以防主梁翼缘与柱焊接影响变截面接头焊缝（图6-14）。梁贯通型的节点连接，便于该层梁上下可以改变柱截面尺寸，使设计上考虑柱的变截面要求在制作上易于实现（图6-15）。

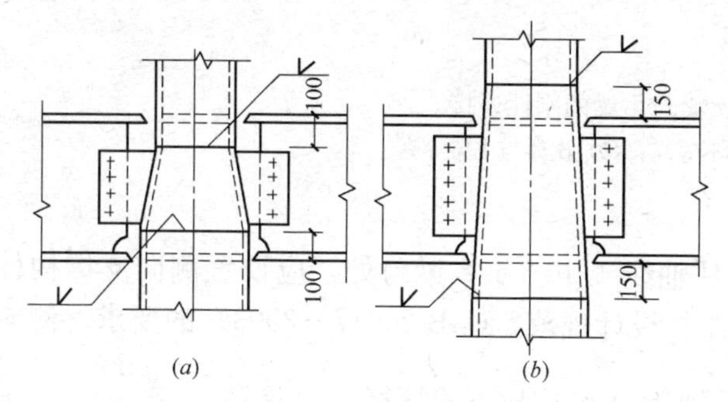

图6-14　柱的变截面连接（Ⅱ）

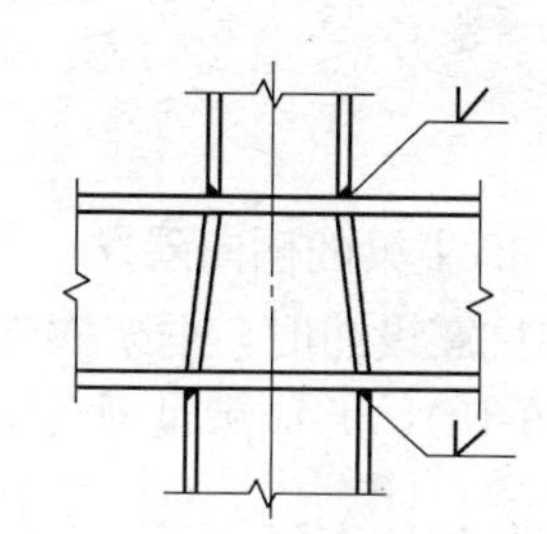
图6-15　柱的变截面连接（Ⅲ）

6.5　梁与梁的连接

1. 主梁与主梁的连接

梁在工地的接头，主要用于柱带悬臂梁段与梁的连接，可采用下列接头形式（图6-16）：

（1）翼缘采用全熔透焊缝连接，腹板用摩擦型高强度螺栓连接。

（2）翼缘和腹板采用摩擦型高强度螺栓连接。

（3）翼缘和腹板采用全熔透焊缝连接。

当用于抗震设防时，梁的接头应按第（3）条的要求设计；当用于非抗震设防时，梁的接头应按内力设计，此时，腹板连接按受全部剪力和所分配的弯矩共同作用计算，翼缘连接按所分配的弯矩设计。当接头处的内力较小时，接头承载力不应小于梁截面承载力的50％。

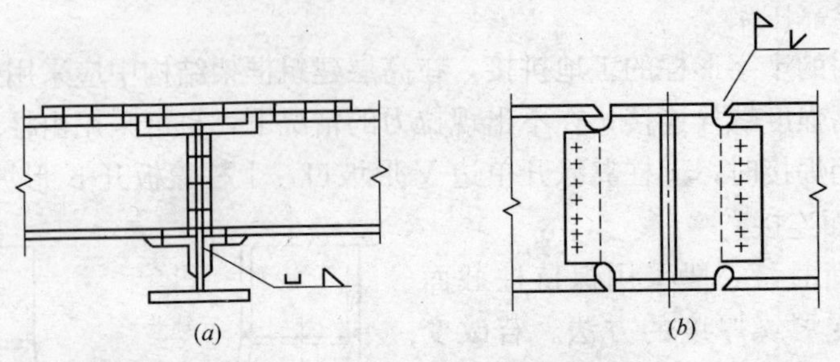

图 6-16 次梁与主梁的刚性连接

2. 次梁与主梁的连接

次梁与主梁的连接宜采用简支连接，必要时也可采用刚性连接（图 6-17）。

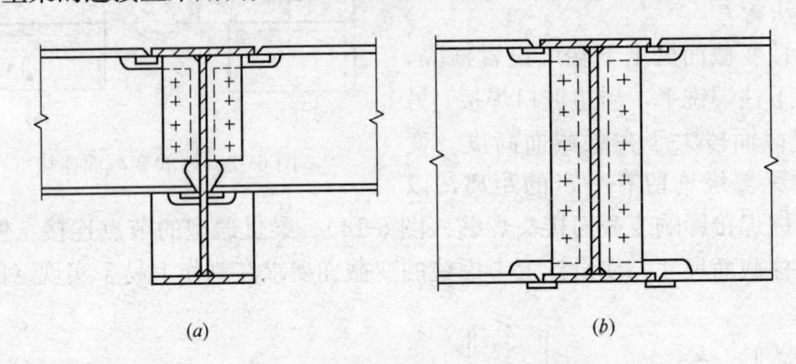

图 6-17 次梁与主梁的刚性连接

(*a*) 次梁与主梁不等高；(*b*) 次梁与主梁等高

3. 主梁的侧向隅撑

抗震设防时，框架横梁下翼缘在距柱轴线 1/10～1/8 梁跨处，应设置侧向支撑构件（图 6-18），并应满足现行国家标准《钢结构设计规范》（GB 20017—2003）的要求。侧向隅撑长细比不得大于 $130\sqrt{\frac{235}{f_y}}$，其设计轴压力 N 应按下式计算：

$$N=\frac{A_f f}{85\sin\alpha}\sqrt{f_y/235}$$

式中 A_f——梁受压翼缘的截面面积；

f——梁翼缘钢材强度设计值；

α——隅撑与梁轴线的夹角。

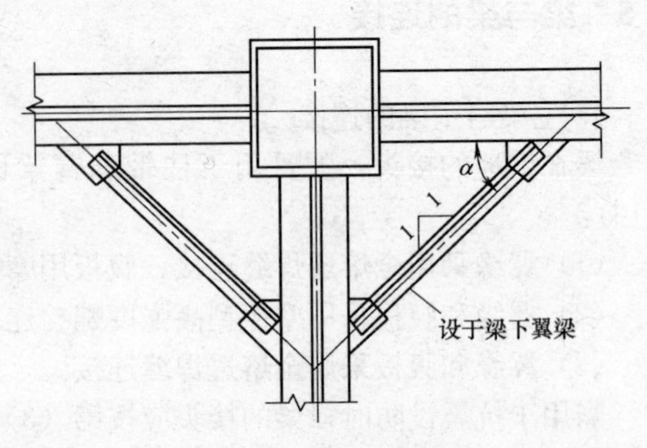

图 6-18 梁的侧向隅撑

4. 梁腹板开孔的补强

当管道穿过钢梁时，腹板中的孔口应予补强。补强时，弯矩可仅由翼缘承担，剪力由孔口截面的腹板和补强板共同承担。

不应在距梁端相当于梁高的范围内设孔，抗震设防的结构不应在隅撑范围内设孔。孔口直径不得大于梁高的 1/2。相邻圆形孔口边缘间的距离不得小于梁高，孔口边缘至梁翼缘外皮的距离不得小于梁高的 1/4。

圆形孔直径小于或等于 1/3 梁高时，可不予补强。当大于 1/3 梁高时，可用套管（图 6-19*a*）也可用环形补强板（图 6-19*b*）加强或 V 形加劲肋（图 6-19*c*）加强。

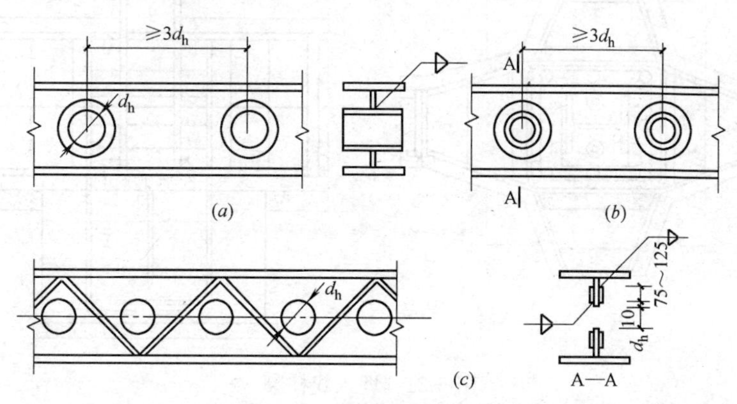

图 6-19　圆形孔梁的补强

圆形孔口加劲肋截面不宜小于 100mm×10mm，加劲肋边缘至孔口边缘的距离不宜大于 12mm。圆形孔口用套管补强时，其厚度不宜小于梁腹板厚度。用环形板补强时，若在梁腹板两侧设置，环形板的厚度可稍小于腹板厚度，其宽度可取 75～125mm。

矩形孔口与相邻孔口间的距离不得小于梁高或矩形孔口长度中之较大值。孔口上下边缘至梁翼缘外皮的距离不得小于梁高的 1/4。矩形孔口长度不得大于 750mm，孔口高度不得大于梁高的 1/2，其边缘应采用纵向和横向加劲肋加强。

矩形孔口上下边缘的水平加劲肋端部宜伸至孔口边缘以外各 300mm。当矩形孔口长度大于梁高时，其横向加劲肋应沿梁全高设置（图 6-20）。

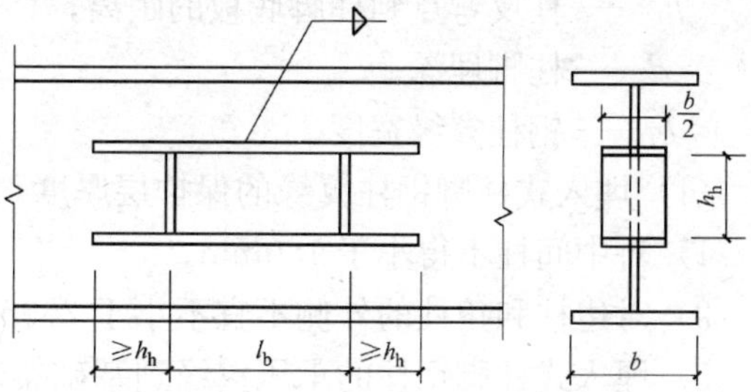

图 6-20　矩形孔梁的补强

矩形孔口加劲肋截面不宜小于 125mm×18mm。当孔口长度大于 500mm 时，应在梁腹板两面设置加劲肋。

6.6　钢柱脚设计

1. 埋入式柱脚

高层钢结构框架柱的柱脚宜采用埋入式或外包式柱脚。仅传递垂直荷载的铰接柱脚可采用外露式柱脚。埋入式柱脚（图 6-21）的埋深，对轻型工字形柱，不得小于钢柱截面高度的二倍；对于大截面 H 型钢柱和箱形柱，不得小于钢柱截面高度的三倍。

埋入式柱脚在钢柱埋入部分的顶部，应设置水平加劲肋或隔板。加劲肋或隔板的宽厚比应符合现行国家标准《钢结构设计规范》（GB 50017—2003）关于塑性设计的规定。埋入式柱脚在钢柱的埋入部分应设置栓钉，栓钉的数量和布置可按外包式柱脚的有关规定确定。

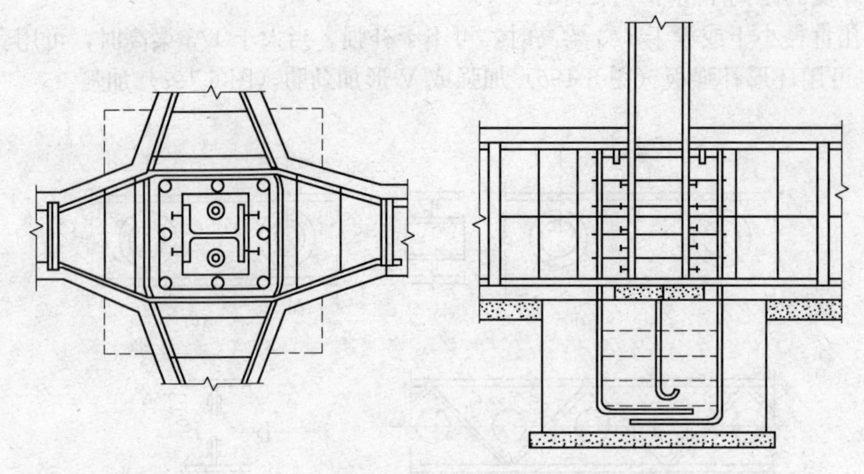

图 6-21 埋入式柱脚

埋入式柱脚通过混凝土对钢柱的承压力传递弯矩。埋入式柱脚的混凝土承压应力应小于混凝土轴心抗压强度设计值，可按下式计算：

$$\sigma=\left(\frac{2h_0}{d}+1\right)\left[1+\sqrt{1+\frac{1}{(2h_0/d+1)^2}}\right]\frac{V}{b_f d}$$

式中 V——柱脚剪力；

h_0——柱反弯点到柱脚底板的距离；

d——柱脚埋深；

b_f——钢柱翼缘宽度。

（1）埋入式柱脚钢柱翼缘的保护层厚度，应符合下列规定：

1）对中间柱不得小于 180mm。

2）对边柱和角柱的外侧不宜不小于 250mm。

3）埋入式柱脚钢柱的承压翼缘到基础梁端部的距离，应符合下列要求，计算简图如 6-22 所示。

$$V_1=f_{ct}A_{cs}$$

$$V_1=(h_0+d_c)V/(3d/4-d_c)$$

$$A_{cs}=B(a+h_c/2)-b_f h_c/2$$

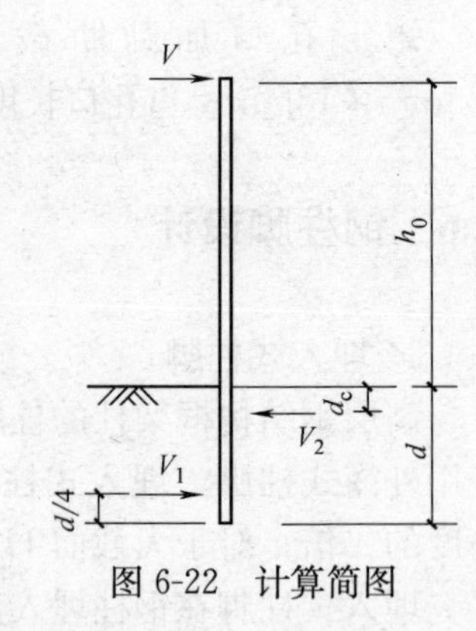

图 6-22 计算简图

式中 V_1——基础梁端部混凝土的最大抗剪承载力；

V——柱脚的设计剪力；

b_f、h_c——分别为钢柱承压翼缘宽度和截面高度；

a——自钢柱翼缘外表面算起的基础梁长度；

B——基础梁宽度，等于 b_f 加两侧保护层厚度；

f_{ct}——混凝土的抗拉强度设计值；

h_0、d——见图 6-22；

d_c——钢柱承压区合力作用点至混凝土顶面的距离。

4）混凝土对钢柱的压力通过位于柱脚上部的加劲肋和柱腹板传递，钢柱承压区及其承压力合力至混凝土顶面的距离 d_c，应按下列规定确定（图 6-23）：

$$d_c=\frac{b_f b_{e,s} d_s+d^2 b_{e,w}/8-b_{e,s} b_{e,w} d_s}{b_f b_{e,s}+d b_{e,w}/2-b_{e,s} b_{e,w}}$$

式中　b_f——钢柱承压翼缘宽度；

$b_{e,s}$——位于柱脚上部的钢柱横向加劲肋有效承压宽度；

$b_{e,w}$——柱腹板的有效承压宽度；

d_s——加颈肋中心至混凝土顶面的距离；

d——柱脚埋深。

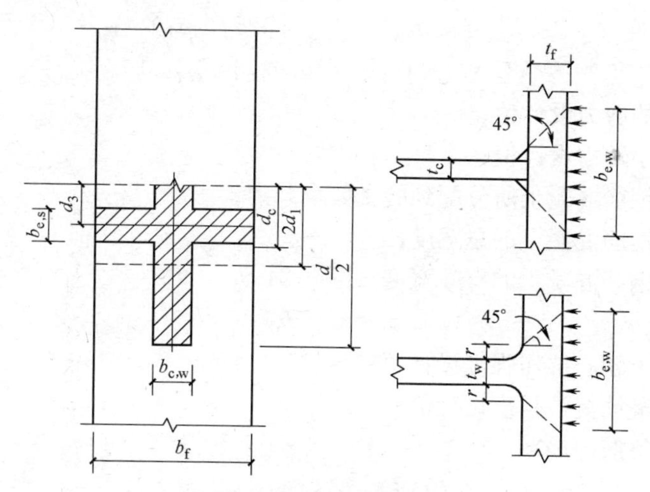

图 6-23　钢柱承压面积合力位置

(2) 埋入式柱脚的钢柱四周，应按下列要求设置主筋和箍筋：

1) 主筋的截面面积应按下列公式计算：

$$A_s=M/(d_0 f_{sy})$$

$$M=M_0+Vd$$

式中　M——作用于钢柱脚底部的弯矩；

M_0——柱脚的设计弯矩；

V——柱脚的设计剪力；

d——钢柱埋深；

d_0——受拉侧与受压侧纵向主筋合力点间的距离；

f_{sy}——钢筋抗拉强度设计值。

2) 主筋的最小含钢率为 0.2%，其配筋不宜小于 4ϕ22，并在上端设弯钩。主筋的锚固长度不应小于 35d (d 为钢筋直径)，当主筋的中心距大于 200mm 时，应设置 ϕ16 的架立筋。

3) 箍筋宜为 ϕ10，间距 100mm；在埋入部分的顶部，应配置不少于 3ϕ12、间距 50mm 的加强箍筋。

2. 外包式柱脚

外包式柱脚的混凝土外包高度与埋入式柱脚的埋入深度要求应相同。外包式柱脚的抗震第一阶段设计，应符合下列规定：

(1) 在计算平面内，钢柱一侧翼缘上的圆柱头栓钉数目，应按下列公式计算。柱轴向的栓钉间距不得大于200mm。

(2) 外包式柱脚底部的弯矩全部由外包钢筋混凝土承受，其抗弯承载力应按下式验算。

(3) 外包混凝土的抗剪承载力，应符合下列规定：

1) 当钢柱为工字形截面时（图6-24*a*），外包式钢筋混凝土的受剪承载力宜按式下式计算，并取其较小者：

$$V-0.4N\leqslant N_{rc}$$

$$V_{rc}=b_{rc}h_0(0.07f_{ce}+0.5f_{ysh}\rho_{sh})$$

$$V_{rc}=b_{rc}h_0(0.14f_{ce}b_e/b_{rc}+f_{ysh}\rho_{sh})$$

式中 V——柱脚的剪力设计值；

N——柱最小轴力设计值；

V_{rc}——外包钢筋混凝土所分配到的受剪承载力；

b_{rc}——外包钢筋混凝土的总宽度；

b_e——外包钢筋混凝土的有效宽度（图6-24*a*）

$$b_e=b_{e1}+b_{e2}$$

f_{ce}——混凝土轴心抗压强度设计值；

f_{ysh}——水平箍筋抗拉强度设计值；

ρ_{sh}——水平箍筋配筋率

$$\rho_{sh}=A_{sh}/b_{rc}s$$

当 $\rho_{sh}>0.6\%$时，取0.6%。

A_{sh}——单肢水平箍筋的截面面积；

s——箍筋的间距；

h_0——混凝土受压区边缘至受拉钢筋重心的距离。

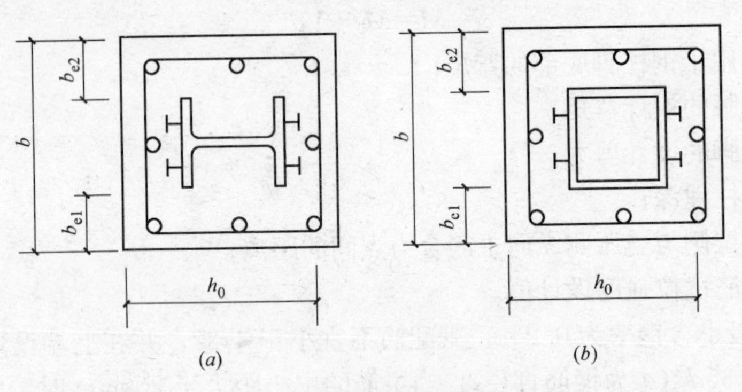

图6-24 外包式柱脚截面

(*a*) 工字形柱；(*b*) 箱形柱

2) 当钢柱为箱形截面时（图6-24*b*），外包钢筋混凝土的受剪承载力为：

$$V_{re}=b_eh_0(0.07f_{ce}+0.5f_{ysh}\rho_{sh})$$

式中 b_e——钢柱两侧混凝土的有效宽度之和，每侧不得小于180mm；

ρ_{sh}——水平箍筋的配筋率，

$$\rho_{sh}=A_{sh}/b_es$$

当 $\rho_{sh} \geqslant 1.2\%$时，取 1.2%。

3. 外露式柱脚

由柱脚锚栓固定的外露式柱脚承受轴力和弯矩时，其设计应符合下列规定：

（1）底板尺寸应根据基础混凝土的抗压强度设计值确定。

（2）当底板压应力出现负值时，应由锚栓来承受拉力。当锚栓直径大于 60mm 时，可按钢筋混凝土压弯构件中计算钢筋的方法确定锚栓直径。

（3）锚栓和支承托座应连接牢固，后者应能承受锚栓的拉力。

（4）锚栓和内力应由其与混凝土之间的粘结力传递。当埋设深度受到限制时，锚栓应固定在锚板或锚梁上。

（5）柱脚底板的水平反力，由底板和基础混凝土间的摩擦力传递，摩擦系数可取 0.4。当水平反力超过摩擦力时，可采用下列方法之一加强：

1）底板下部焊接抗剪键。

2）柱脚外包钢筋混凝土。

6.7 抗侧力构件与框架的连接

1. 中心支撑

在抗震设防的结构中，支撑节点连接的极限承载力按现行国家标准《钢结构设计规范》（GB 50017—2003）的有关规定进行计算。

中心支撑的重心线应通过梁与柱轴线的交点，当受构造条件的限制有不大于支撑杆件宽度的偏心时，节点设计应计入偏心造成附加弯矩的影响。

中心支撑的截面宜采用轧制宽翼缘 H 型钢，而较少采用焊接组合 H 形截面，因为在反复荷载作用下支撑屈曲，常导致组合焊缝出现裂缝。当采用焊接的 H 形截面时，其翼缘和腹板应采用坡口全熔透焊缝连接。在构造上，支撑两端与梁柱应属刚接连接。

为便于节点的构造处理，带支撑的梁柱节点通常采用柱外带悬臂梁段的形式，使梁柱接头与支撑节点错开（图 6-25）。抗震支撑的设计常将宽翼缘 H 型钢的强轴放在框架平面内方向，使支撑端部节点的构造更为刚强（图 6-26），其平面外计算长度可取轴线长度的 0.7 倍。当支撑弱轴位于框架平面内方向时，其平面外计算长度可取轴线长度的 0.9 倍。

支撑翼缘直接与梁和柱连接时，在连接处梁、柱均应设置加劲肋，以承受支撑轴心力对梁或柱的竖向或水平分力。支撑翼缘与箱形柱连接时，在柱壁板内的相应位置应放置水平加劲隔板。

抗震设计时，支撑两端的工地拼接接头，其翼缘及腹板宜按图 6-26 所示均采用高强度螺栓连接。由于支撑是轴向受力杆，故不宜按图 6-25 所示采用翼缘焊接和腹板高强度螺栓的栓焊法，以免罕遇地震中螺栓滑移后，它与焊缝不能再共同工作。

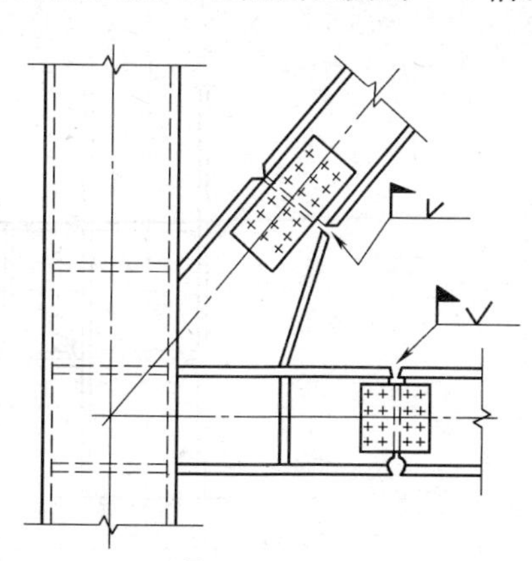

图 6-25 中心支撑节点（Ⅰ）

2. 偏心支撑

（1）偏心支撑的轴线与耗能梁段轴线的交点宜

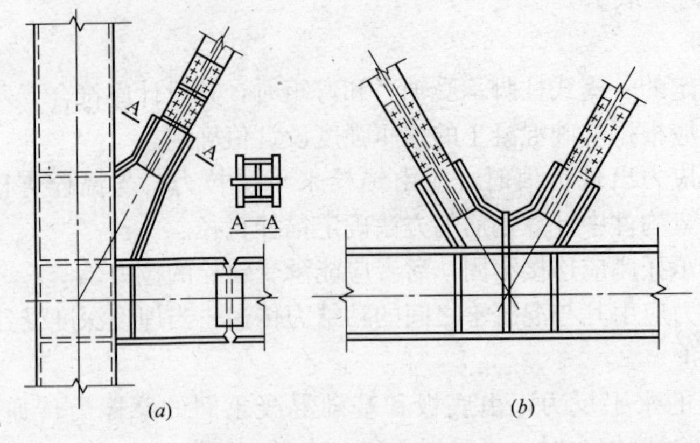

图 6-26　中心支撑节点（Ⅱ）

交于耗能梁段的端点（图 6-27*a*），也可交于耗能梁段内（图 6-27*b*），这样可使支撑的连接设计更灵活些，但不得将交点设置于耗能梁段外。

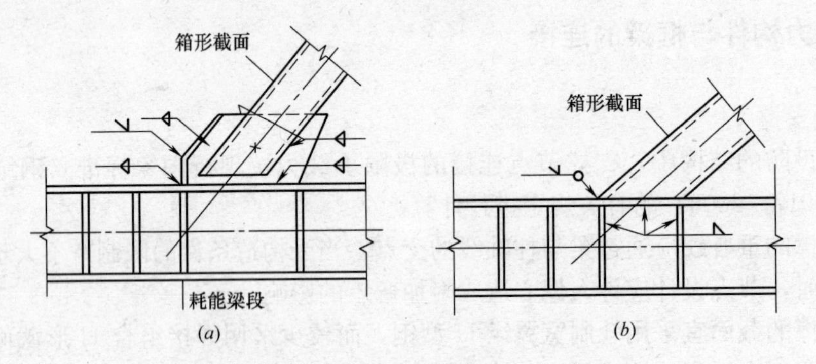

图 6-27　支撑与耗能梁段轴线交点的位置

（2）耗能梁段的加劲肋。

耗能梁段的加劲肋如图 6-28 所示。设置加劲肋的目的是推迟腹板的屈曲及加大梁段的抗扭刚度。加劲肋设计不合理，会导致腹板屈曲后梁段的受剪承载力和耗能能力急剧下降。

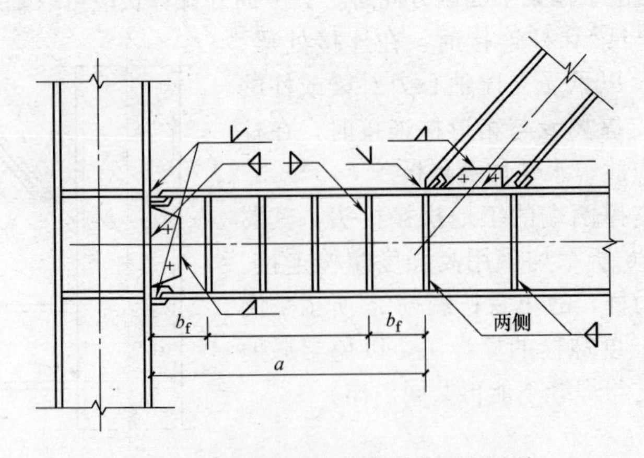

图 6-28　耗能梁段加劲肋的构造与连接

(3) 耗能梁段的侧向支撑。

为防止耗能梁段在充分发挥塑性剪切变形时发生梁的侧向弯扭失稳，必须在梁段两端的上下翼缘各设一道水平侧向支撑，楼板不能看作侧向支撑。由于梁段两端在平面内有较大的竖向位移，侧向支撑应尽量不影响梁端的竖向变位。耗能梁段同一跨内框架梁的上下翼缘也应设置水平侧向支撑，使梁段达到极限受剪承载力之前，梁段外的梁应保持稳定，支撑间距不超过 $13b_f\sqrt{235/f_y}$。侧向支撑杆件的轴力设计值应不小于 $0.015fb_ft_f$《抗震规范》规定为 $0.06fb_ft_f$)，即 1.5%的翼缘名义承载力。

(4) 支撑与耗能梁段的连接。

支撑达到名义承载力之前，支撑与梁段的连接不应破坏，并应能将支撑的力传至梁。根据偏心支撑框架的设计要求，支撑端和耗能梁段以外的长梁，其名义抗弯承载力之和应大于梁段的极限抗弯承载力。这样，支撑端将承受相当大的弯矩，因此，在设计支撑与梁段的连接节点时必须考虑这一因素。支撑与梁的连接应为刚性节点，支撑直接焊于梁段的节点连接特别有效。

(5) 耗能梁段与框架柱的连接。

梁段与框架柱的连接为刚性节点，与一般的框架梁柱连接稍有区别。梁翼缘与柱翼缘的连接采用坡口全熔透对接焊缝，梁腹板与柱之间不用螺栓连接，因螺栓的滑移会影响延性和耗能能力。而梁腹板与柱之间是通过柱的连接板焊接的，其焊缝强度应满足腹板塑性抗剪强度的要求。施工时，先焊腹板后焊翼缘，可以减小焊接残余应力。

7 钢结构的涂装

7.1 钢结构防腐涂装工艺

7.1.1 适用范围

适用于建筑钢结构工程中钢结构的防腐蚀涂层涂装。

7.1.2 施工准备

1. 技术准备

(1) 图纸会审并具有图纸会审记录。

(2) 根据设计文件要求，编制施工方案、技术交底等技术文件。

(3) 根据工程特点及施工进度，进行技术交底。

2. 材料要求

(1) 建筑钢结构工程防腐蚀材料品种、规格、颜色应符合国家有关技术指标和设计要求，应具有产品出厂合格证。

(2) 建筑钢结构防腐蚀材料有底漆、中间漆、面漆、稀释剂和固化剂等。

(3) 建筑钢结构工程防腐蚀涂料有油性酚醛涂料、醇酸涂料、高氯化聚乙烯涂料、氯磺化聚乙烯涂料，环氧树脂涂料、聚氨酯涂料、无机富锌涂料、有机硅涂料、过氯乙烯涂料等。

(4) 钢结构防腐蚀材料使用前，其应按照国家现行相关标准进行检查和验收。

(5) 常用防腐蚀面涂料详见表 7-1。

常用防腐蚀面涂料 **表 7-1**

型号	名称	性能及特性	适用范围
G52-1	过氯乙烯防腐涂料	耐腐蚀和耐潮性能好、机械性好	防酸构件
H04-1	环氧硝基磁性涂料	机械强度及耐油性好	湿热气候环境下的钢结构
L01-6	沥青清油涂料	耐水、耐潮的防腐蚀性好， 机械性能差，耐候性不好	适用防止气腐蚀
LS0-1	沥青耐酸涂料	附着力好、耐硫酸腐蚀	室内钢结构防腐

3. 主要机具

钢结构防腐涂装主要机具见表 7-2。

钢结构防腐涂装工程主要机具表 **表 7-2**

序号	机具名称	单位	数量	备注
1	喷砂机	台		喷砂除锈
2	回收装置	套		喷砂除锈

续表

序号	机具名称	单位	数量	备注
3	气泵	台	使用数量根据具体工程量确定	喷砂除锈
4	喷漆气泵	台		涂漆
5	喷漆枪	把		涂漆
6	铲刀	把		人工除锈
7	手动砂轮	台		机械除锈
8	砂布	张		人工除锈
9	电动钢丝刷	台		机械除锈
10	小压缩机	台		涂漆
11	油漆小桶	个		涂漆
12	刷子	把		涂漆

4. 作业条件

(1) 钢结构工程已检查验收，并符合设计要求。

(2) 油漆工施工作业应持有特殊工种作业操作证。

(3) 各种涂装用材料已经进场并检验合格。

(4) 施工环境应通风良好、清洁、干燥，室内施工环境温度应在0℃以上，室外施工时环境温度为5℃～38℃，相对湿度不大于85%。雨天或钢结构表面结露时，不宜作业。冬季应在采暖环境下进行，室温必须保持均衡。

(5) 注意与土建工程配合，特别是与装饰、涂料工程要编制交叉计划及措施。

7.1.3 操作工艺

1. 工艺流程

基面处理→底漆涂装→面漆涂装→检查验收

2. 操作工艺

(1) 表面清理

1) 基面清理除锈质量的好坏，直接影响到涂层质量的好坏。因此涂装工艺的基面除锈的质量等级应符合设计文件的规定要求。钢结构除锈质量等级应执行《涂装前钢材表面锈蚀等级和除锈等级》(GB 8923—1988) 标准规定。

油漆涂刷前，应采取适当的方法将需要涂装部位的铁锈、焊缝药皮、焊接飞溅物、油污、尘土等杂物清理干净。

2) 为了保证涂装质量，根据不同需要可以分别选用以下表面清理工艺：

① 油污的清除方法根据工件的材质、油质的种类等因素来决定，通常采用溶剂清洗或碱液清洗。清洗方法有槽内浸洗法、擦洗法、喷射清洗和蒸汽法等。

② 钢构件表面除锈方法根据要求不同可采用手工除锈、机械除锈、喷射除锈、酸洗除锈等方法。

3) 钢材表面进行处理达到清洁度后，一般应在4～6h内涂第一道底漆。涂装前钢材表面不允许再有锈蚀，否则应重新除锈。处理后表面沾上油迹或污垢时，应用溶剂清洗后方可涂装。

(2) 涂装工艺

1) 涂装施工环境条件的一般要求：

① 环境温度：应按照涂料产品说明书的规定执行。

② 环境湿度：一般应在相对湿度小于 80%的条件下进行。具体应按照产品说明书的规定执行。

③ 控制钢材表面温度与露点温度：钢材表面的温度必须高于空气露点温度 3℃以上，方可进行喷涂施工（露点是空气中水蒸气开始凝结成露水时的温度点，与空气温度和相对湿度有关)。在雨、雾、雪和较大灰尘的环境下，必须采取适当的防护措施，方可进行涂装施工。

2) 设计要求或钢结构施工工艺要求禁止涂装的部位，为防止误涂，在涂装前必须进行遮蔽保护。如地脚螺栓和底板、高强度螺栓结合面与混凝土紧贴或埋入的部位等。

3) 涂料开桶前，应充分摇匀。开桶后，原漆应不存在结皮、结块、凝胶等现象，有沉淀应能搅起，有漆皮应除掉。为保证漆膜的流平性而不产生流淌，必须把涂料的黏度调整到一定范围之内。

4) 涂装施工过程中，应控制油漆的黏度，兑制时应充分地搅拌，使油漆色泽均匀一致。调整黏度时必须使用专用稀释剂。如需代用，必须经过试验并取得业主同意。

5) 涂刷顺序应自上而下，从左到右，先里后外，先难后易，纵横交错地进行涂刷。涂刷遍数及涂层厚度应执行设计要求规定。

6) 合理的施工方法对保证涂装质量、施工进度、节约材料和降低成本有很大的作用。所以正确选择涂装方法是涂装施工管理工作的主要组成部分。常用的涂装方法见表 7-3。

常用涂料的施工方法 **表 7-3**

施工方法	适用涂料的特性			被涂物	使用工具或设备	主要优缺点
	干燥速度	黏度	品种			
刷涂法	干性较慢	塑性小	油性漆酚醛漆醇酸漆等	一般构件及建筑物，各种设备管道等	各种毛刷	投资少，施工方法简单，适于各种形状及大小面积的涂装；缺点是装饰性较差，施工效率低
手工滚涂法	干性较慢	塑性小	油性漆酚醛漆醇酸漆等	一般大型平面的构件和管道等	滚子	投资少、施工方法简单，适用大面积物的涂装；缺点同刷涂法
浸涂法	干性适当，流平性好，干燥速度适中	触变性好	各种合成树脂涂料	小型零件、设备和机械部件	浸漆槽、离心及真空设备	设备投资较少，施工方法简单，涂料损失少，适用于构造复杂构件；缺点是流平性不太好，有流挂现象，污染现场，溶剂易挥发
空气喷涂法	挥发快和干燥速度适中	黏度小	各种硝基漆、橡胶漆、建筑乙烯漆、聚氨酯漆等	各种大型构件及设备和管道	喷枪、空气压缩机、油水分离器等	设备投资较小，施工方法较复杂，施工效率较涂刷法高；缺点是消耗溶剂量大，污染现象，易引起火灾
雾气喷涂法	具有高沸点溶剂的涂料	高不挥发性，有触变性	厚浆型涂料和高不挥发性涂料	各种大型钢结构、桥梁、管道、车辆和船舶等	高压无气喷枪、空气压缩机等	设备投资较大，施工方法较复杂，效率比空气喷涂法高，能获得厚涂层；缺点是也要损失部分涂料，装饰性较差

(3) 涂装施工操作工艺要求

1) 刷涂法操作工艺要求。

油漆刷的选择：刷涂底漆、调和漆和磁漆时，应选用扁形和歪脖形弹性大的硬毛刷；刷涂油性清漆时，应选用刷毛较薄、弹性较好的猪鬃或羊毛等混合制作的板刷和圆刷；涂刷树脂漆时，应选用弹性好，刷毛前端柔软的软毛板刷或歪脖形刷。

涂刷时，应蘸少量涂料，刷毛浸入油漆的部分应为毛长的1/3～1/2。

对干燥速度较慢的涂料，应按涂敷、抹平和修饰三道工序进行。

对于干燥速度较快的涂料，应从被涂物一边按一定的顺序快速连续地刷平和修饰，不宜反复涂刷。

涂刷顺序一般应按自上而下、从左向右、先里后外、先斜后直、先难后易的原则，使漆膜均匀、致密、光滑和平整。

刷涂的走向，刷涂垂直平面时，最后一道应由上向下进行；刷涂水平表面时，最后一道应按光线照射的方向进行。

刷涂完毕后，应将油漆刷妥善保管，若长期不使用，须用溶剂清洗干净，晾干后用塑料薄膜包好，存放在干燥的地方，以便再用。

2) 滚涂法操作工艺要求。

涂料应倒入装有滚涂板的容器内，将滚子的一半浸入涂料，然后提起在滚涂板上来回滚涂几次，使棍子全部均匀浸透涂料，并把多余的涂料滚压掉。

把滚子按W形轻轻滚动，将涂料大致的涂布于被涂物上，然后滚子上下密集滚动，将涂料均匀地分布开，最后使滚子按一定的方向滚平表面并修饰。

滚动时，初始用力要轻，以防流淌，随后逐渐用力，使涂层均匀。

滚子用后，应尽量挤压掉残存的油漆涂料，或使用涂料的稀释剂清洗干净，晾干后保存好，以备后用。

3) 浸涂法操作工艺要求。

浸涂法就是将被涂物放入油漆槽中浸渍，经一定时间后取出吊起，让多余的涂料尽量滴净，再晾干或烘干的涂漆方法。适用于形状复杂的骨架状被涂物和烘烤型涂料。建筑钢结构工程中应用较少，在此不做过多叙述。

4) 空气喷涂法操作工艺要求。

空气喷涂法是利用压缩空气的气流将涂料带入喷枪，经喷嘴吹散成雾状，并喷涂到被涂物表面上的一种涂装方法。

进行喷涂时，必须将空气压力、喷出量和喷雾幅度等参数调整到适当程度，以保证喷涂质量。

喷涂距离控制：喷涂距离过大，油漆易落散，造成漆膜过薄而无光；喷涂距离过近，漆膜易产生流淌和橘皮现象。喷涂距离应根据喷涂压力和喷嘴大小来确定，一般使用大口径喷枪的喷涂距离为200～300mm，使用小口径喷枪的喷涂距离为150～250mm。

喷涂时，喷枪的运行速度应控制在30～60cm/s范围内，并应运行稳定。

喷枪应垂直于被涂物表面。如喷枪角度倾斜，漆膜易产生条纹和斑痕。

喷涂时，喷幅搭接的宽度，一般为有效喷雾幅度的$\frac{1}{4}$～$\frac{1}{3}$，并保持一致。

暂停喷涂工作时，应将喷枪端部浸泡在溶剂中，以防涂料干固堵塞喷嘴。

喷枪使用完后，应立即用溶剂清洗干净。枪体、喷嘴和空气帽应用毛刷清洗。气孔和喷漆孔遇有堵塞，应用木签疏通，不准用金属丝或铁钉疏通，以防损伤喷嘴孔。

5）无气喷涂法操作工艺要求。

无气喷涂法是利用特殊形式的气动或其他动力驱动的液压泵，将涂料增至高压，当涂料经由管路通过喷枪的喷嘴喷出后，使喷出的涂料体积骤然膨胀而雾化，高速地分散在被涂物表面上，形成漆膜。

喷枪嘴与被涂物表面的距离，一般应控制在300～380mm。

喷幅宽度：较大物件以300～500mm为宜，较小物件以100～300mm为宜，一般为300mm。

喷嘴与物件表面的喷射角度为30～800°。

喷枪运行速度为30～100cm/s。

喷幅的搭接宽度应为喷幅的$\frac{1}{6}$～$\frac{1}{4}$。

无气喷涂法施工前，涂料应经过过滤后才能使用。

喷涂过程中，吸入管不得移出涂料液面，应经常注意补充涂料。

发生喷嘴堵塞时，应关枪，取下喷嘴，先用刀片在喷嘴口切割数下（不得用刀尖凿），用毛刷在溶剂中清洗，然后再用压缩空气吹通或用木签捅通。

暂停喷涂施工时，应将喷枪端部置于溶剂中。

喷涂结束后，将吸入管从涂料桶中提起，使泵空载运行，将泵内、过滤器、高压软管和喷枪内剩余涂料排出，然后利用溶剂空载循环，将上述各器件清洗干净。

高压软管弯曲半径不得小于50mm，且不允许重物压在上面。

高压喷枪严禁对准操作人员或他人。

6）涂装完成后，经自检和专业检并记录。涂层有缺陷时，应分析并确定缺陷原因，及时修补。修补的方法和要求与正式涂层部分相同。

（4）两次涂装的表面处理和修补

1）两次涂装，一般是指由于作业分工在两地或分两次进行施工的涂装。当前道漆涂完后，超过一个月以上再涂下一道漆，也应算作两次涂装的规定进行表面处理.

2）对如海运产生的盐分，陆运或存放过程中产生的灰尘都要去除干净，方可涂两道漆。如果涂漆间隔时间过长，前道漆膜可能因老化而粉化（特别是环氧树脂漆类），则要求进行“打毛”处理，使表面干净并增加粗糙度，来提高附着力。

3）修补漆和补漆：修补所用的涂料品种、涂层层次与厚度，涂层颜色应与原设计要求一致。表面处理可采用手工或机械除锈方法，但要注意油脂及灰尘的污染。在修补部位与不修补部位的边缘处，宜有过渡段，以保证搭接处的平整和附着牢固。对补涂部位的要求也应与上述相同。

7.1.4 质量验收要点

（1）涂装前用铲刀检查和用现行国家标准《涂装前钢材表面锈蚀等级和除锈等级》（GB 8923）规定的图片对照观察检查，钢材表面除锈应符合设计要求和国家现行有关标准的规定。处理后的钢材表面不应有焊渣、焊疤、灰尘、油污、水迹和毛刺等。

当设计无要求时，钢材表面除锈等级应符合表 7-4 的规定。

各种底漆或防锈漆要求最低的除锈等级 **表 7-4**

涂 料 品 种	除锈等级
油性酚醛、醇酸等底漆或防锈漆	S_t2
高氯化聚乙烯、氯化橡胶、氯磺化聚乙烯、环氧树脂、聚氨酯等底漆或防锈漆	Sa2
无机富锌、有机硅、过氯乙烯等底漆	Sa2 $\frac{1}{2}$

(2) 涂料、涂装遍数、涂层厚度均应符合设计要求。当设计对涂层厚度无要求时，涂层干漆膜总厚度：室外应为 150μm，室内应为 125μm，其允许偏差为－25μm。每遍涂层干漆膜厚度的允许偏差为－5μm。用干漆膜测厚仪检查。每个构件检测 5 处，每处的数值为 3 个相距 50mm 测点涂层干漆膜厚度的平均值。

(3) 构件表面不应误涂、漏涂，涂层不应脱皮和返锈等。涂层应均匀，无明显皱皮、流坠、针眼和气泡等。

(4) 当钢结构处在有腐蚀介质环境或外露且设计有要求时，应进行涂层附着力测试，按照现行国家标准《漆膜附着力测定法》(GB 1720—1979) 或《色漆和清漆　漆膜的划格试验》(GB 9286—1998) 规定执行。在检测处范围内，当涂层完整程度达到 70%以上时，涂层附着力达到合格质量标准的要求。

(5) 涂装完成后，构件的标志、标记和编号应清晰完整。

7.1.5　成品保护

(1) 钢构件涂装后，应加以临时围护隔离，防止踏踩，损伤涂层。

(2) 钢构件涂装后，在 24h 之内如遇大风或下雨时，应加以覆盖，防止沾染灰尘或水汽，避免影响涂层的附着力。

(3) 涂装后的钢构件需要运输时，应注意防止磕碰，防止在地面拖拉，防止涂层损坏。

(4) 涂装前，对其他半成品做好遮蔽保护，防止污染。

(5) 做好防火涂料涂层的维护与修理工作。如遇剧烈振动、机械碰撞或暴雨袭击等，应检查涂层无受损，并及时对涂层受损部位进行修理或采取其他处理措施。

7.1.6　环境、职业健康安全控制措施

1. 环境控制措施

(1) 涂料不得随意倾倒，防止污染环境和水源。

(2) 涂装施工前，做好对周围环境和其他半成品的遮蔽保护工作，防止污染。

2. 职业健康安全控制措施

(1) 防火措施

1) 防腐涂料施工现场或车间不允许堆放易燃物品，并应远离易燃物品仓库。

2) 防腐涂料施工现场或车间，严禁烟火，并有明显的禁止烟火的宣传标志。

3) 防腐涂料施工现场或车间，必须备有消防水源或消防器材。

4）防腐涂料施工中沾有溶剂和涂料的棉纱、棉布等物品应存放在带盖的铁桶内，并定期处理掉。

5）严禁向下水道倾倒涂料和溶剂。

（2）防爆措施

1）防腐涂料使用前需要加热时，可采用热载体、电感加热等方法，并远离涂装施工现场。

2）防腐涂料涂装施工时，严禁使用钢棒等金属物品敲击金属物体和漆桶，如需敲击应使用木制工具，防止因此产生摩擦或撞击火花。

3）在涂料仓库和涂装施工现场使用的照明灯应有防爆装置，临时电气设备应使用防爆型的，并定期检查电路及设备的绝缘情况。在使用溶剂的场所，应禁止使用闸刀开关，要使用三相插头，防止产生电火花。

4）所有使用的设备和电气导线应良好接地，防止静电聚集。

5）所有进行防腐涂装施工现场的工作人员，应穿安全鞋和安全服装。

（3）防毒措施

1）施工人员应戴防毒口罩或防毒面具。

2）对于接触性侵害，施工人员应穿工作服、戴手套和防护眼镜等，尽量不与溶剂接触。

3）施工现场应做好通风排气装置，减少有毒气体的浓度。

（4）高空作业

高空作业时，应系好安全带，并应对使用的脚手架或吊架等临时设施进行检查，确认安全后，方可施工。施工用工具，不使用时应放入工具袋内，不得随意乱扔乱放。

7.1.7 应注意的其他问题

（1）油漆的油膜作用是将金属表面和周围介质隔开，起保护金属不受腐蚀的作用。油膜应该连续无孔，无漏涂、起泡、露底等现象。因此，油漆的稠度既不能过大，也不能过小，稠度过大不但浪费油漆，还会产生脱落、卷皮等现象；稠度过小会产生漏涂、起泡、露底等现象。

（2）在涂刷第二层防锈底漆时，第一层防锈底漆必须彻底干燥，否则会产生漆层脱落。

（3）注意油漆流挂。在垂直表面涂漆，部分漆液在重力作用下产生流挂现象。其原因是漆的黏度大、涂层厚、漆刷的毛头长、毛面软，涂刷不开，或是掺入干性的稀释剂。此外，喷漆施工不当也会造成流挂。因此，除了选择适当厚度的漆料和干性较快的稀释剂外，在操作时应做到少蘸油，勤蘸油，刷均匀，多检查，多理顺。

漆刷应选得硬一点。喷漆时，喷枪嘴直径不宜过大，喷枪距物面不能过近，压力大小要均匀。

（4）注意油漆皱纹。漆膜干燥后表面出现不平滑，收缩成皱纹。其原因是漆膜刷得过厚或刷油不匀；干性快和干性慢的油漆掺和使用或是催干剂加得过多，产生外层干、里层湿；有时涂漆后在烈日下暴晒或骤冷以及底漆未干透，也会造成皱皮。

（5）注意油漆发黏。油漆超过一定的干燥期限而仍然有粘指现象。其原因是底层处理不当，物体上沾有油质、松脂、蜡、酸、碱、盐、肥皂等残迹。此外，底漆未干透便涂面漆（树脂漆例外）或加入过多的催干剂和不干性油、物面过潮、气温太低或不通气等都会影响漆膜的干结时间；有时涂料贮藏过久也会发黏。。

(6) 注意油漆粗糙。漆膜干后用手摸似有痱子颗粒感觉。其原因是由于施工时尘灰沾在漆面上，漆料中有污物，漆皮等未经过滤，漆刷上有残漆的颗粒和砂子，喷漆时工具不沾或是喷枪距物面太远、气压过大等都会使漆膜粗糙。

因此，要改善喷漆施工方法，搞好环境和工具的清洁。

(7) 注意油漆脱皮。漆膜干后发生局部脱皮，甚至整张揭皮现象。其原因是漆料质量低劣，漆内含松香成分太多或稀释过薄使油分减少；物面沾有油质、蜡质、水汽等或底层未干透（如墙面）就涂面漆；屋面太光滑（如玻璃、塑料）没有进行粗糙处理等也会造成脱皮。

(8) 注意油漆露底。经刷漆后透露底层颜色。其原因是漆料的颜料用量不足，遮盖力不好，或掺入过量的稀释剂。此外，漆料有沉淀未经搅拌就使用也会造成油漆露底。

(9) 注意油漆出现气泡、针孔。漆膜上出现圆形小圈，状如针刺的小孔。一般是以清漆或颜料含量比较低的磁漆，用浸渍、喷涂或滚涂法施工时容易出现。主要原因是有空气泡存在，颜料的湿润性不佳，或者是漆膜的厚度太薄，所用稀释料不佳，含有水分，挥发不平衡，喷涂方法不好。此外，烘漆初期结膜时受高温烘烤，溶剂急剧回旋挥发，漆膜本身及补足空档而形成小穴出现针孔。

针对上述不同的原因采取相应的处理办法。喷漆时要注意施工方法和选择适当的溶剂来调整挥发速度。

烘漆时要注意烘烤温度。工件进入烘箱不能太早，沥青漆不能用汽油稀释。

7.1.8 质量记录及内容要求

(1) 防腐材料出厂合格证或复验报告。

包括：厂别、品种及型号、包装、重量、出厂日期、主要性能及成分、适用范围及适宜掺量、性能检验合格证、贮存条件及有效期、适用方法及注意事项等，应填写清楚、准确、完整，以证明其质量符合标准。

(2) 涂装施工检验记录。

(3) 防腐涂料有观感质量检查记录。

工程观感质量检查由总监理工程师会同建设单位、施工单位等有关专业人员共同进行。

通过现场全面检查，在听取有关人员的意见后，总监理工程师会同监理工程师共同确定质量评价，并对表格所列项目进行好、一般、差的质量评价，将结果填在质量评价栏中。最后根据各个专业的质量评价，对单位工程作出观感质量综合评价，将检查结论填写在检查结论栏中。施工单位项目经理和总监理工程师双方签字。

(4) 防腐涂料涂装检验批质量验收记录

1) 钢结构防腐涂料、稀释料和固化剂的品种、规格、性能符合产品标准和设计要求。

2) 涂装基层。涂装前钢材表面除锈应符合设计要求和有关标准的规定。处理后的钢材表面不应有焊渣、焊疤、灰尘、油污、水迹和毛刺等。当设计无要求时，钢材表面除锈等级应符合表 7-4 的规定。

3）涂层厚度。涂料涂装遍数、涂层厚度均应符合设计要求。当设计对涂层厚度无要求时，涂层干漆膜总厚度：室外应为 150μm，室内应为 125μm，其允许偏差为 －25μm。每层涂层干漆膜厚度的允许偏差为－5μm。

4）防腐涂料和防火涂料的型号、名称、颜色及有效期与其质量证明文件相符。开启后，不应存在结皮、结块、凝胶等现象。

5）构件表面不应误涂、漏涂，涂层不应脱皮和返锈等。涂层应均匀，无明显皱皮、流坠、针眼和气泡等。

6）当钢结构处在有腐蚀介质环境或外露且设计有要求时，应进行涂层附着力测试，在检测处范围内，当涂层完整程度达到 70%以上时，涂层附着力达到合格质量标准的要求。

7）涂装完成后，构件的标志、标记和编号应清晰完整。

7.2 钢结构防火涂装工艺

7.2.1 适用范围

适用于建筑钢结构工程中厚涂型钢结构防火涂料和薄涂型钢结构防火涂料的涂装。

7.2.2 施工准备

1. 技术准备

（1）进行图纸会审工作。

（2）根据设计文件要求，编制防火涂料涂装施工方案、技术交底等技术文件。

（3）根据工程特点及施工进度，进行技术交底。

2. 材料要求

（1）建筑钢结构工程防火涂料的品种和技术性能应符合《钢结构防火涂料通用技术条件》(GB 14907）和《钢结构防火涂料应用技术规程》标准规定和工程设计要求。

（2）所选用的防火涂料必须有防火监督部门核发的生产许可证和生产厂方的产品合格证。

（3）防火涂料按照涂层厚度可划分为两类：

B 类：薄涂型钢结构防火涂料，涂层厚度一般为 2～7mm，高温时涂层膨胀增厚，具有耐火隔热作用。室内裸露钢结构、轻型屋盖钢结构及有装饰要求的钢结构，当规定其耐火极限在 1.5h 及以下时，宜选用该种防火涂料。薄涂型钢结构防火涂料的性能见表 7-5。

H 类：厚涂型结构防火涂料，涂层厚度一般为 8～50mm，粒状表面，密度较小，热导率低。室内隐蔽钢结构、高层全钢结构及多层厂房钢结构，当规定其耐火极限在 1.5h 以上时，宜选用该种防火涂料。厚涂型结构防火涂料的性能见表 7-6。

（4）露天钢结构，应选用适合室外用的钢结构防火涂料。

（5）用于保护钢结构的防火涂料应不含石棉，不用苯类溶剂，在施工干燥后应没有刺激性气味，不腐蚀钢材，在预定的使用期内须保持其性能。

薄涂型钢结构防火涂料性能 表 7-5

项目		指标
粘结强度(MPa)		≥0.15
抗弯性		挠曲 $L/100$,涂层不起层、脱落
抗振性		挠曲 $L/200$,涂层不起层、脱落
耐水性(h)		≥24
耐冻融循环性(次)		≥15
耐火极限	涂层厚度(mm)	3,5.5,7
	耐火时间不低于(h)	0.5,1.0,1.5

厚涂型钢结构防火涂料性能 表 7-6

项目		指标
粘结强度(MPa)		≥0.04
抗压强度(MPa)		≥0.3
干密度(kg/m^3)		≤500
热导率[W/(m·K)]		≥0.1160(0.1kcal/m·h·℃)
耐水性(h)		≥24
耐冻融循环性(次)		≥15
耐火极限	涂层厚度(mm)	15,20,30,40,50
	耐火时间不低于(h)	1.0,1.5,2.0,2.5,3.0

3. 主要机具

防火涂装施工主要机具见表 7-7。

主要机具表 表 7-7

序号	机具名称	型号	单位	备注
1	便携式搅拌机		台	配料
2	压送式喷涂机		台	厚涂型涂料喷涂
3	重力式喷枪		台	薄涂型涂料喷涂
4	空气压缩机	0.6～0.9m^3/min	台	喷涂
5	抹灰刀		把	手工涂装
6	砂布		张	基层处理

4. 作业条件

(1) 图纸会审工作已经完成，并有图纸会审记录。

(2) 根据工程特点及施工进度，进行技术交底。

(3) 防火涂料涂装施工前，钢结构工程已检查验收合格，并符合设计要求。

(4) 涂装前，钢结构表面的除锈防锈处理符合《钢结构工程施工质量验收规范》的有关规定。

(5) 涂装前，应对钢构件碰损或漏涂部位补刷防锈漆，防锈涂装验收合格后方可进行喷涂防火涂料。

（6）对不需要进行防火保护的墙面、门窗、机械设备和其他构件已进行遮蔽保护。

（7）涂装施工时，环境温度宜保持 5～38℃，相对湿度不大于 90%，空气应流通。当风速大于 5m/s，或雨天和构件表面有结露时，不宜作业。

（8）钢结构防火喷涂保护由经过培训合格的专业施工队施工。施工中的安全技术和劳动保护要求，按国家现行有关规定执行。

7.2.3 操作工艺

1. 工艺流程

基面处理→调配涂料→涂装施工→检查验收

2. 操作工艺

（1）涂漆前应对基层进行彻底清理，并保持干燥。在不超过 8h 内，尽快涂头道底漆。

（2）涂刷底漆时，应根据面积大小来选用适宜的涂刷方法。不论采用喷涂法还是手工涂刷法，其涂刷顺序均为：先上后下、先难后易、先左后右、先内后外。保持厚度均匀一致，做到不漏涂、不流坠为好。待第一遍底漆充分干燥后（干燥时间一般不少于 48h），用砂布、水砂纸打磨后，除去表面浮漆粉再刷第二遍底漆。

（3）涂刷面漆时，应按设计要求的颜色和品种的规定来进行涂刷，涂刷方法与底漆涂刷方法相同。对于前一遍漆面上留有的砂粒、漆皮等，应用铲刀刮去。对于前一遍漆表面过分光滑或干燥后停留时间过长（如两遍漆之间超过 7d），为了防止离层应将漆面打磨清理后再涂漆。

（4）应正确配套使用稀释剂。当油漆黏度过大需用稀释剂稀释时，应正确控制用量，以防掺用过多，导致涂料内固体含量下降，使得漆膜厚度和密实性不足，影响涂层质量。同时应注意稀释剂与油漆之间的配套问题，油基漆、酚醛漆、长油度醇酸磁漆、防锈漆等用松香水（即 200 号溶剂汽油）、松节油调配；中油度醇酸漆用松香水与二甲苯 1∶1（质量比）的混合溶剂；短油度醇酸漆用二甲苯调配；过氯乙烯采用溶剂性强的甲苯、丙酮来调配。如果错用就会发生沉淀离析、咬底或渗色等病害。

（5）厚涂型钢结构防火涂料工艺及要求：

1）涂料配备：

① 单组分湿涂料，现场采用便携式搅拌器搅拌均匀；单组分干粉涂料，现场加水或其他稀释剂调配，应按产品说明书的规定配比混合搅拌；双组分涂料，按照产品说明书的配比混合搅拌。

② 搅拌和调配涂料，使之均匀一致，且稠度适当，既能在输送管道中流动畅通，而且喷涂后又不会产生流淌和下坠现象。

③ 防火涂料配置搅拌，应边配边用，当天配置的涂料必须在说明书规定时间内使用完。

2）涂装施工工艺及要求：

① 喷涂应分若干遍完成，通常喷涂 2～5 遍。第一遍喷涂以基本盖住钢材表面即可，以后每遍喷涂厚度 5～10mm，一般 7mm 左右为宜。

② 在每层涂层基本干燥或固化后，方可继续喷涂下一遍涂料，通常每遍间隔 4～24h

喷涂一次。

③ 喷涂保护方式、喷涂遍数和涂层厚度应根据防火设计要求确定。

④ 喷涂时，喷枪要垂直于被喷涂钢构件表面，喷枪口直径宜为 6～10mm，喷涂气压保持在 0.4～0.6MPa。喷枪运行速度要保持稳定，不能在同一位置久留，避免造成涂料堆积流淌。喷涂过程中，配料及往喷涂机内加料均要连续进行，不得停留。

⑤ 施工过程中，操作者应采用测厚针或测厚仪检测涂层厚度，直到符合规定的厚度，方可停止喷涂。

⑥ 喷涂后，对明显凹凸不平处，采用抹灰刀等工具进行剔除和补涂处理，以确保涂层表面均匀。

⑦ 当防火涂层出现下列情况之一时，应重喷：

a. 涂层干燥固化不好，粘结不牢或粉化、空鼓、脱落时。

b. 钢结构的接头，转角处的涂层有明显凹陷时。

c. 涂层表面有浮浆或裂缝宽度大于 1.0mm 时。

d. 涂层厚度小于设计规定厚度的 85%时，或涂层厚度虽大于设计规定厚度的 85%，但未达到规定厚度的涂层的连续面积的长度超过 1m 时。

（6）薄涂型钢结构防火涂料涂装工艺及要求。

1）涂料配备：

① 运送到施工现场的钢结构防火涂料，应采用便携式电动搅拌器予以适当搅拌，使用均匀一致，方可用于喷涂。双组分涂料应按说明书规定的配比进行现场调配，边配边用。

② 搅拌已调配好的涂料，应稠度适宜，喷涂后不发生流淌和下坠现象。

2）底层涂装施工工艺及要求：

① 一般应喷涂 2～3 遍，施工间隔 4～24h。待前一遍涂层基本干燥后再喷涂后一遍。第一遍喷涂以盖住钢材基面 70%即可，二、三遍喷涂每遍厚度不超过 2.5mm。

② 喷涂保护方式、喷涂层数和涂层厚度应根据产品说明书及防火设计要求确定。

③ 喷涂时，操作工手握喷枪要稳，喷嘴与钢材表面垂直成 70°角，喷口到喷面距离为 40cm～60cm。要求旋转喷涂的，需注意交接处的颜色一致，厚薄均匀，防止漏涂和面层流淌。确保涂层完全闭合，轮廓清。

④ 施工过程中，操作者应随时采用测厚针或测厚仪检测涂层厚度，确保各部位涂层达到设计规定的厚度要求。

⑤ 喷涂后，如果喷涂形成的涂层是粒状表面，当设计要求涂层表面平整光滑时，待喷涂完最后一遍，应采用抹灰刀等工具进行抹平处理，以确保涂层表面均匀平整。

3）面层涂装工艺及要求：

① 当底涂层厚度符合设计要求，并基本干燥后，方可进行面层涂料涂装。

② 面层涂料一般涂刷 1～2 遍。如第一遍是从左至右涂刷，第二遍应从右至左涂刷，以确保覆盖底部涂层。面层喷涂用料为 0.5～1.0kg/m^2。

③ 面层涂装施工应保证各部分颜色均匀一致，接头平整。

④ 对于露天钢结构的防火保护，喷好防火底涂层后，也可选用适合建筑外墙用的面层涂料作为防水装饰层，用量为 1.0kg/m^2 即可。

7.2.4 质量验收要点

（1）防火涂料涂装前用表面除锈用铲刀检查和用现行国家标准《涂装前钢材表面锈蚀等级和除锈等级》（GB 8923—1988）规定的图片，对照观察检查钢材表面除锈及防锈底漆涂装应符合设计要求和国家现行有关标准的规定。底漆涂装用干漆膜测厚仪检查，每个构件检测 5 处，每处的数值为 3 个相距 50mm 测点涂层干漆膜厚度的平均值。

（2）钢结构防火涂料的粘结强度、抗压强度应符合现行标准《钢结构防火涂料应用技术规程》的规定。检验方法应符合现行国家标准《建筑构件防火喷涂材料性能试验方法》（GB 9978—2008）的规定。

（3）用涂层厚度测量仪、测针和钢尺检查薄涂型防火涂料的涂层厚度应符合有关耐火极限的设计要求。厚涂型防火涂料涂层的厚度，80％及以上面积应符合有关耐火极限的设计要求，且最薄处厚度不应低于设计要求的 85％。测量方法应符合现行标准《钢结构防火涂料应用技术规程》的规定。

（4）观察或用尺量检查薄涂型防火涂料涂层表面裂纹宽度不应大于 0.5mm；厚涂型防火涂料涂层表面裂纹宽度不应大于 1mm。

（5）防火涂料涂装基层不应有油污、灰尘和泥砂等污垢。

（6）防火涂料不应有误涂、漏涂，涂层应闭合，无脱层、空鼓、明显凹陷、粉化松散和浮浆等外观缺陷，乳凸已剔除。

7.2.5 成品保护

（1）钢构件涂装后，应加以临时围护隔离，防止踏踩，损伤涂层。

（2）钢构件涂装后，在 24h 之内如遇大风或下雨时，应加以覆盖，防止沾染灰尘或水汽，避免影响涂层的附着力。

（3）涂装后的钢构件需要运输时，应注意防止磕碰，防止在地面拖拉，防止涂层损坏。

（4）涂装前，对其他半成品做好遮蔽保护，防止污染。

（5）做好防火涂料涂层的维护与修理工作。如遇剧烈振动、机械碰撞或暴雨侵袭等，应检查涂层无受损，并及时对涂层受损部位进行修理或采取其他处理措施。

7.2.6 环境、职业健康安全控制措施

参见第 7.1.6 节相关内容。

7.2.7 应注意的问题

防火涂料涂装施工应注意问题见第 7.1.7 节相关内容。

7.2.8 质量记录及内容要求

（1）防火涂料出厂合格证或复验报告。

（2）涂装施工检验记录。

（3）防火涂料有观感质量检查记录。

(4) 防火涂料涂装检验批质量验收记录。

1）钢结构防火涂料的品种和技术性能符合设计要求，并经检测符合规定。

2）防火涂料涂装前钢材表面除锈及防锈底漆涂装应符合设计要求和有关标准的规定。表面除锈用铲刀检查和用《涂装前钢材表面锈蚀等级和除锈等级》（GB 8923—1988）规定的图片对照观察检查。

3）钢结构防火涂料的粘结强度、抗压强度应符合《钢结构防火涂料应用技术规程》的规定。检验方法应符合《建筑构件防火喷涂材料性能试验方法》（GA 110—1995）的规定。

4）薄涂型防火涂料的涂层厚度应符合有关耐火极限的设计要求。厚涂型防火涂料涂层厚度的 80％及以上面积应符合有关耐火极限的设计要求，且最薄处厚度不应低于设计要求的 85％。

5）薄涂型防火涂料涂层表面裂纹宽度不应大于 0.5mm；厚涂型防火涂料涂层表面裂纹宽度不应大于 1mm。

6）防火涂料的型号、名称、颜色及有效期等与其质量证明文件相符，开启后不存在结皮、结块、凝胶等现象。

7）防火涂料涂装基层不应有油污、灰尘和泥砂等污垢。

8）防火涂料不应有误涂、漏涂，涂层应闭合，无脱层、空鼓、明显凹陷、粉化松散和浮浆等外观缺陷，乳凸已剔除。

8 常用钢结构详图设计软件介绍

8.1 钢结构详图设计软件的一般情况

目前国内钢结构设计采取了与国际接轨的设计分段模式，分两阶段设计：即钢结构设计图和钢结构施工详图两阶段。钢结构设计图由具有设计资质的设计单位完成，设计图的内容和深度满足编制钢结构施工详图的要求。钢结构施工详图（即加工制作图）一般由加工制作单位完成，是根据钢结构设计图，充分考虑每一构件间的相互连接而编制组成结构构件的每个零件的标准细部尺寸、材质要求、加工精度、工艺流程要求、焊缝质量等级等的详细放样图，它应一并考虑运输和安装能力确定构件的分段和拼装节点。

1. 钢结构详图的重要性

钢结构详图是钢结构设计蓝图转化钢结构产品的桥梁，在钢结构工厂化批量生产的今天起着越来越重要的作用。钢结构详图不仅成为几何学的情报，也拥有技术性的情报。钢结构详图设计者首先应遵循钢结构设计蓝图，理解设计意图。这就要求详图设计者必需熟读设计图纸，把蓝图上平面表现的各种线条在头脑里转化为空间的立体结构。这中间一旦某个环节出了差错，就可能造成构件无法安装或者安装错误，给结构安全造成不良后果。其次，钢结构详图设计者还要了解设计规范，掌握其中连接计算和构造要求方面的内容，对常用结构的受力特点，连接节点形式有充分的了解，这样设计出来的连接形式、节点做法才能符合设计模型的计算假定，符合有关规范的要求。不合理的节点构造设计，除了会改变结构的受力特征外，往往还可能引起应力集中、产生过大的残余应力和残余变形，给结构造成很大的安全隐患。据相关统计，由于节点连接不合理造成的事故占钢结构工程事故的比例高达约20%。

因此，钢结构详图设计的重要性并不亚于钢结构设计，然而，通过近几年对钢结构设计、施工现状的调查与了解，发现业界对钢结构详图设计的重视程度不容乐观。

2. 详图设计的现状

(1) 业主单位对钢结构详图设计重视程度不够

业主单位常有如下两种观点：一种观点，由于对钢结构详图缺少必要的了解，认为设计院设计的蓝图就已满足施工要求，所谓的加工详图只是钢结构加工单位为了方便加工而出具的下料图，因此，认为加工详图完全是施工单位自己的事，可有可无。表现在施工合同中，既不考虑相应的详图设计费用，也不考虑详图设计所需的时间，并且对于是否需要进行施工详图设计不进行任何规定。另一种观点，虽然知道应该进行钢结构详图设计，一方面为节省资金，认为钢结构详图设计的费用与钢结构制作费相比微不足道，也就不划出专门的详图设计费，只是笼统说详图设计费包含在钢结构加工制作费中，或者说包含在对甲方的优惠项目中；另一方面，也认为有了钢结构设计蓝图，详图设计对结构的影响也就微不足道了，因此，详图设计工作让施工单位代劳了一下也就过去了，无关大局。也正是业主的这两种做法，直接影响了施工单位对钢结构详图设计的重视程度。

(2) 钢结构制作单位对详图设计不够重视

1) 一些施工单位根本没有详图设计人员。接到简单一点的钢结构工程，就不经详图设计直接下到加工车间放样下料，详细尺寸由加工班组凭经验确定。接到复杂程度高的工程或合同要求进行详图设计的工程，等设计蓝图到手后临时四处寻找详图设计人员。由此带来的后果是详图设计质量非常低劣，首先是图面质量较差，比例失调，尺寸标注、文字高度不规范，当然谈不上符合《建筑结构制图标准》的规定了。其次，设计详图上不符合《钢结构设计规范》要求之处随处可见，小到焊缝高度、螺栓间距不满足构造要求，大到焊缝长度、螺栓数量、构件尺寸出现错误，更不会去精心考虑安装螺栓、现场焊接的操作空间及构件吊装顺序等。当然也不会了解制造厂的工艺水平、进场材料的实际情况，所以构件运到现场往往出现无法安装而现场改造的情况。施工质量也会大打折扣，甚至产生安全隐患。

2) 另一些加工制作单位虽然有拆图部门，或者拆图、预算、技术的综合部门，但详图设计人员的素质普遍不高，有些是刚毕业的学生，还有的详图人员根本就不是学结构专业的，只是会CAD绘图，会依照设计图尺寸进行放样。本人曾多次遇到详图人员不会计算焊缝长度，不懂如何合理布置节点板，不懂如何确定高强度螺栓的位置和数量等，缺少基本的技术素养。由于钢结构技术人员的匮乏，也常有钢结构制作单位会将懂技术、有经验的详图设计人员抽调到技术、质检、经营部门，转到报价或技术质量管理岗位。另一方面，由于不受重视，那些懂技术、有经验的详图设计人员也往往不愿长期待在详图设计岗位，因为详图设计确实是一项非常繁重的脑力加体力劳动。

(3) 设计人员对详图设计重视不够

合同往往规定设计人员要对钢结构详图进行最后审核并签章。然而面对成摞的详图设计图纸，设计人员往往无心细看，草草翻翻了事。一方面确实由于时间紧张，一看到如此多的加工详图，感觉无从下手；另一方面，也因为详图设计是施工单位搞的，设计人员认为详图的正确与否、合理与否责任不在自己，谁设计，谁负责，因此，认不认真也就无所谓了。

(4) 详图设计软件非常溃泛

强大的计算机智能软件，若经熟练的详图设计师适当使用，则钢结构详图的设计效率、设计质量会成倍的提高，所需的详图设计人员也将大大减少。然而，一方面由于国内这方面软件不成熟，而国外相关软件价格昂贵，钢结构制作单位大多不愿意在这方面作如此大的的投入。另一方面，国外软件往往操作复杂，人员的培训也需要一定的时间和资金。所以当前真正采用详图设计软件的单位非常的少。

总之，目前我国的钢结构详图设计还处在低水准，被忽视的阶段。

3. 中国钢结构详图设计软件的种类

目前国内的钢结构详图设计软件主要有两大类：

一类是中国自主开发的软件，主要有上海同济大学土木工程学院开发的空间钢结构杆系系统CAD软件——3D3S和中国建筑科学研究院开发的建筑设计软件系统PKPM系列中的钢结构设计软件——STXT。

另一类是专业钢结构公司或设计院持有的国外的设计软件。在国内市场上有如芬兰Tekla公司的Xsteel、德赛公司的SCIA、REI公司的STAAD PRO、SSDD、英国爱司卡特公司的 STURCAD 等。

除此之外，也有一些设计院或公司在使用别人的软件的同时，在不同的平台上自己开发一些适合不同用途的软件，如，北京京冶公司钢结构所开发的钢结构设计软件——京冶体系；还有一些设计院或公司对国外的专业软件进行了改进，使得这些软件更适合设计使用，如，郑州华电公司对 STRUCAD 6.0 版的软件进行了二次开发，大大提高了软件的使用效率和准确性。

8.2 典型软件的特点分析

通过网易结构论坛的一项调查投票，我国钢结构详图工程师所使用软件的分布情况为 AutoCAD 为最大的用户群，占 61%；占据次席的是为 Xsteel，占 23%，下边依次为 Prosteel、StruCad 分别为 6%和 5%，SDS/2 及其他各占 1%。

8.2.1 AutoCAD

AutoCAD 是由美国 Autodesk 欧特克公司于 20 世纪 80 年代初为微机上应用 CAD 技术而开发的绘图程序软件包，经过不断地完善，现已经成为国际上广为流行的绘图工具。

AutoCAD 具有良好的用户界面，通过交互菜单或命令行方式便可以进行各种操作。它的多文档设计环境，让非计算机专业人员也能很快地学会使用。在不断实践的过程中更好地掌握它的各种应用和开发技巧，从而不断提高工作效率。

AutoCAD 具有广泛的适应性，它可以在各种操作系统支持的微型计算机和工作站上运行，并支持分辨率由 320×200 到 2048×1024 的各种图形显示设备 40 多种，以及数字仪和鼠标器 30 多种，绘图仪和打印机数十种，这就为 AutoCAD 的普及创造了条件。现在最新的版本为：AutoCAD 2011。其主要的具有如下特点：

(1) 具有完善的图形绘制功能。

(2) 有强大的图形编辑功能。

(3) 可以采用多种方式进行二次开发或用户定制。

(4) 可以进行多种图形格式的转换，具有较强的数据交换能力。

(5) 支持多种硬件设备。

(6) 支持多种操作平台

(7) 具有通用性、易用性，适用于各类用户。此外，从 AutoCAD2000 开始，该系统又增添了许多强大的功能，如 AutoCAD 设计中心（ADC）、多文档设计环境（MDE）、Internet 驱动、新的对象捕捉功能、增强的标注功能以及局部打开和局部加载的功能，从而使 AutoCAD 系统更加完善。

与此同时，Autodesk 公司也开始触及了钢结构详图设计的专业领域，目前其在 AutoCAD 的二次开发的软件 AutoCADStructural Detailing 就是一款钢结构详图设计的专业软件，现在已经有了三个版本了，其一些界面如图 8-1 所示。

8.2.2 Xsteel

Xsteel 是芬兰 Tekla 公司开发的第一个涵盖从概念设计到详图、制造、安装整个结构

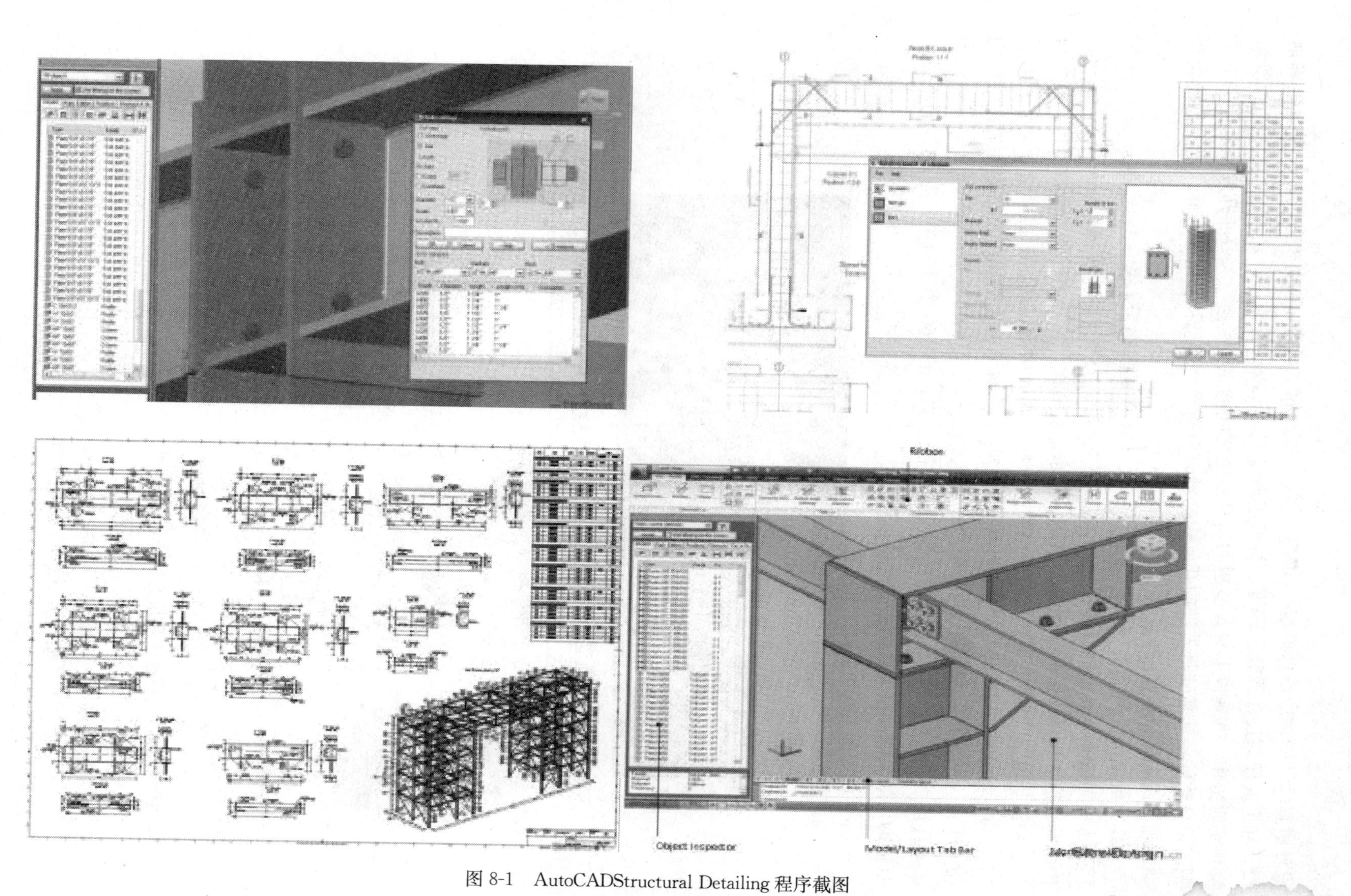

图 8-1　AutoCADStructural Detailing 程序截图

设计过程的结构建造信息模型（BIM）系统。革新的工具可以使你有能力轻松并且准确地设计和生成任何尺寸或复杂程度的智能建造模型。Xsteel 允许用户之间在工业和工程阶段实现实时协作，实现以前只是梦想的信息系统之间的完美衔接。Xsteel 开发并发行基于模型的信息软件，其基础是先进的开放式技术，面向当今信息社会的建筑商、业主和智能基础设施的使用者。

作为全球最负盛名的钢结构详图设计软件（全球市场占有率 60%），Xsteel 自 2000 年进入中国以来，已经拥有了像冠达尔钢结构公司、上海宝冶、上海锅炉厂、石化集团、中海油、广船国际、莱钢、武钢、鞍钢、沪东造船集团、博思格巴特勒有限公司、浙江精工、中国华电（集团）、上海同清科技发展有限公司、中冶集团、中建一局等 100 多家用户，200 多套软件。Xsteel 大大地提高了它们的工作效率、作图质量及竞争能力，给他们带来了巨大的经济利益。在 2005 年全国建筑钢结构年产值排前 10 名的企业中有 8 家为 Xsteel 用户。在 2005 年获得全国建筑《钢结构金奖》的 160 个项目中，有 60% 的项目由它们的用户完成。目前其版本为 Tekla Structures 16.0。图 8-2 为其相关截图。

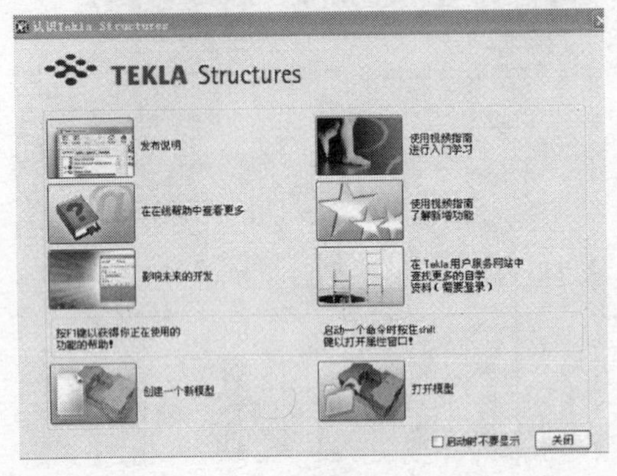

图 8-2　Tekla Structures 16.0 程序截图

钢结构行业适用的 Tekla Structures 主要具有下列优点：

(1) 可以通过精确估算赢得更多投标。

(2) 具备高效优质的细部设计能力。

(3) 可以进行上下游一体化协作设计能力。

(4) 可以简化项目后续工作。

（5）支持与其他系统集成。

（6）Tekla Structures 软件可以与生产和资源规划系统及 CNC 机器等其他系统集成。通过这种协作，所有项目参与者都能实时访问项目信息。

8.2.3 Prosteel

ProSteel 是 Bentley 公司专门为支持钢结构和金属结构施工和规划任务而推出的三维建模环境。通过同时在 MicroStation 和 AutoCAD 平台上工作，通过此软件，可获得一款直观的多材料集成建模器，可天衣无缝地布置复杂结构、生成施工图、收集所有接点并管理物料清单。从最初的设计规划开始，到整个装配结束为止，ProSteel 这一综合软件均由具有丰富钢结构设计经验的工程师全程打造。目前其应用版本为 18.0 版本。

其具有下列优势：

1. 轻松输入概念

ProSteel 3D 之所以成为用户友好的三维钢结构建筑应用程序，是因为它具有经过精心设计的界面结构。节点板连接、肋板、腹板角钢、切口和钻孔等所有命令均遵循相同准则。唯一要做的就是选择要相互连接的建筑组件。ProSteel 3D 可自动缩短或拉长相应的形状，生成所需结合点，并将所有组件紧固在一起，所有必要的更改在定义阶段即可看见。

2. MicroStation 和 AutoCAD 平台

ProSteel 3D 以业界标准平台 AutoCAD 为基础，可以轻松地为用户日常工作提供集成的全球化环境。2008 年下半年就已与 MicroStation 平台实现兼容。

3. 开放式数据库

可以将任何单个形状系列分配到多个不同数据库，例如，定义每个形状类型在接头结合时的不同选择表。

4. 不受限制的团队协作

ProSteel 3D 特别支持多人共同合作一个项目。例如，用户可以定位组件，还可以通过多个工程图生成零部件清单。ProSteel 3D 支持所有现代标准接口，例如 SDNF 和 CIS/2。此外，它还提供与其他 Bentley Systems 解决方案（如 STAAD-Pro 和 AutoPIPE）的直接接口。

5. 国际标准和数据库

由于 ProSteel 3D 在全球各地广泛发行，因此，它支持各种不同语言，并提供全球通用的 300 多个数据库和标准。

6. 可编辑标准

ProSteel 3D 为每种类型的结合（如刚性板、底板、额板、腹板角钢、切口等）提供以表格形式组织的选择项列表（DAST 标准）。不过，也可以修改现有参数或完全重定义结合点。这样，根据 DAST（IH3E）插入刚性板，然后修改板的尺寸或位置等操作就变得很方便。标准值随时可用，而且用户可以对任何构建任务逐个作出反应。

7. 非模式对话框

此项优势为用户提供简易性。与程序交互变得简单，而且在对话框中每输入一个值，就能在设计部件中立即看到。用户还可以在不取消命令的情况下从各种不同视图查看模型。

8. ACIS 支持

采用特殊技术，可以在 ProSteel 3D 内使用其他应用程序（例如 Mechanical-Desktop）提供的三维主体（ACIS 卷主体），而且还可以将 ProSteel 3D 的任何元素转换为 ACIS 主体。

8.2.4 StruCad

StruCad 是英国 AceCad 公司开发的一款三维实体钢结构详图设计系统，它包括 CAD、CAM 、CAE 等一系列模块，提供了钢结构从设计到制造的一个完整解决方案。AceCad 公司从事钢结构详图设计软件的开发已经有十余年的历史，该系统目前已经有 8000 多套在世界上 60 多个国家和地区进行了成功应用，设计出了许多世界级的建筑。

StruCad 系统为专业绘图员带来了一系列独特的、功能强大的建模及详图设计工具——为钢结构详图设计提供了最高效的解决方案。AceCad 软件有限公司将国际钢结构行业各类知名专家二十多年的智慧和无可匹敌的经验透彻地融入了 StruCad 系统。StruCad V15.5 是 AceCad 全球领先的 3D 钢结构详图设计系统的最新软件版本。其操作界面截图如图 8-3 所示。

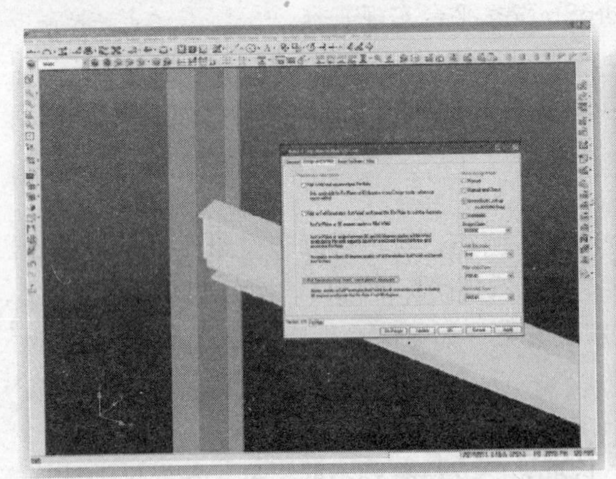
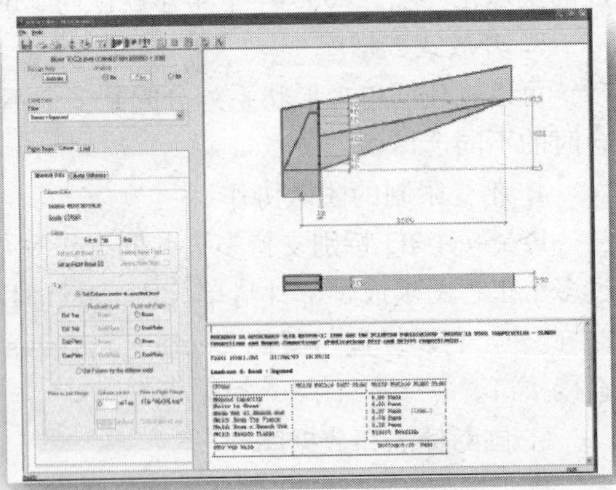

图 8-3　StruCad 15.5 程序截图

1. StruCad 的功能

（1）先进的 3D 参数化建模技术。

（2）精确自动的节点设计和 CAD 宏程序。

（3）精确地自动生成详图。

(4) 行业的领先软件产品与第三方软件集成。
(5) 可重新配置的协作工具。
(6) 估算和 M. R. P. /M. I. S. 集成。
2. StruCad 的优点
(1) 快速建模深化。
(2) 与分析系统的高级集成。
(3) 完整的节点连接设计系统。
(4) 模型管理和版本控制/恢复。
(5) 通过局域网或广域网和因特网的多用户协作。
(6) 完善的报告和清单功能。
(7) 自动准确的图纸生成，最小限度的编辑。
(8) 与 CNC 厂商的高度集成。
(9) 完整的估算系统。
(10) 模型和图纸的免费浏览器。

8.2.5 SDS/2

SDS/2 是由美国 Design Data 公司研究开发的钢结构详图软件。它以其简捷的三维模型输入、自动的节点生成、准确的详图抽取、精确的材料统计，以及与其他工具的多种接口等优点，占据了欧美大部分的钢结构详图软件市场。现在 SDS/2 已经进入中国，正在为越来越多的用户所使用。SDS/2 极大地提高钢结构详图工作的效率和准确性，必将成为用户不可缺少的最佳工具。目前最新版本为 Design Data SDS/2 7.205。其操作界面截图如图 8-4 所示。

SDS/2 由以下几部分组成：

1. Design 模块

这是建立整个 SDS/2 模型的基础，通过软件提供的良好输入窗口，可以准确、方便地构造起所需要的三维模型，并可按照要求自动生成节点、添加楼梯等。包括有模型生成和模型校核两大模块功能。

2. Detail 模块

此模块可利用在 Design 模块中构造的模型，自动生成任意轴线，位置的平、立面图，节点详图及剖面图，可自动抽取并生成所有构件、连接件的制造图，以及构件和节点上的所有相关信息。

3. Estimating 模块

可在精确统计的每种材料截面、尺寸、长度等以及切角、切槽、焊缝等信息基础上，根据卖方的价格、单根材料长度、材料切割长度等，作出最优化的估算报告，显示并打印。

4. Production 模块

可生成包括材料重量、切割清单等信息在内的材料表，并根据库房容量、机器的工作

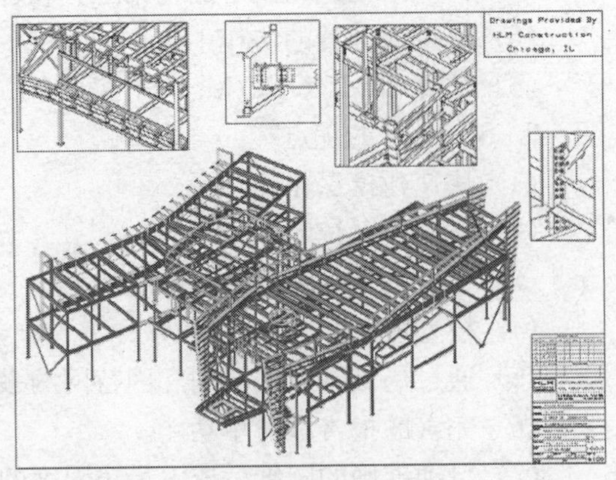

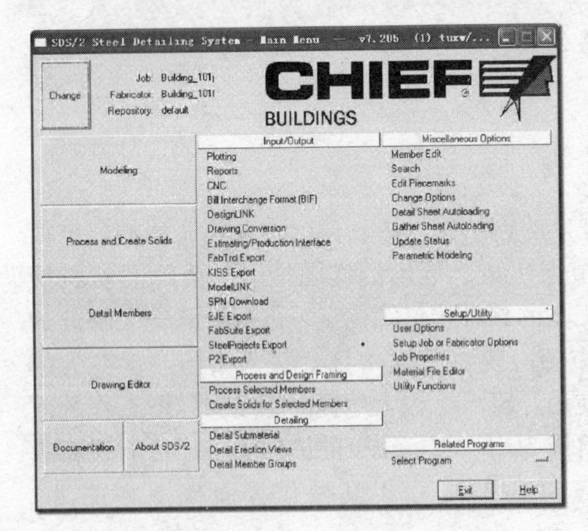

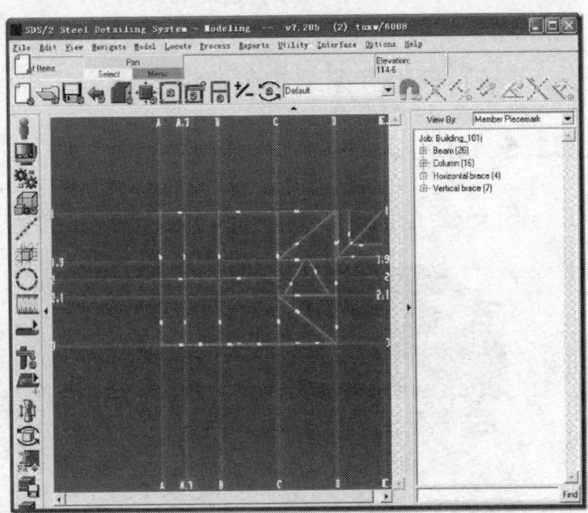

图 8-4　Design Data SDS/2 7.205 程序截图

能力等作出订单及存货清单等。

5. CNC 模块

与 CNC 具有良好接口。

8.2.6　ArchDam

ArchDam 是由 Auspic 公司研究开发的三维设计软件，是国内第一套在 CIVIL 3D 平台下的拱坝全套设计计算制图软件，拥有完全自主知识产权。具有以下特点，其操作界面截图如图 8-5 所示。

（1）开发和提供了各相关专业进行水电工程设计的功能模块。

（2）能够实现各专业的关联设计与修改并进行优化比较过程。

（3）具有智能化和积累设计知识的能力。

（4）建立了软件系统的可扩充的标准件库。

（5）人性化管理的功能措施。

（6）预留的二次开发的接口，为用户提供了扩充特殊需要的途径。

(7) 自动绘制工程图与文件管理系统。

(8) 三维模型与数据库的动态关联更新。

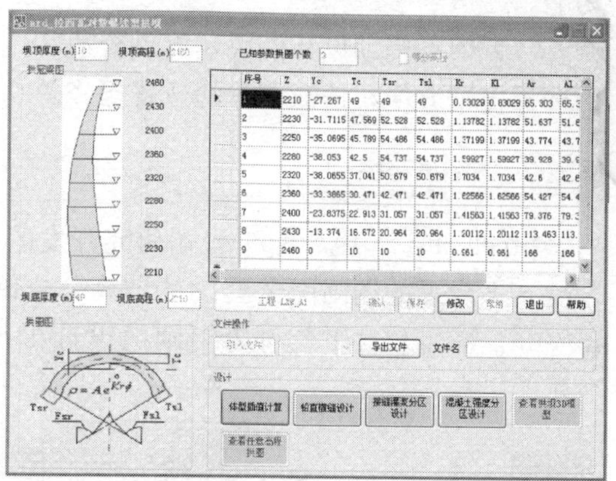

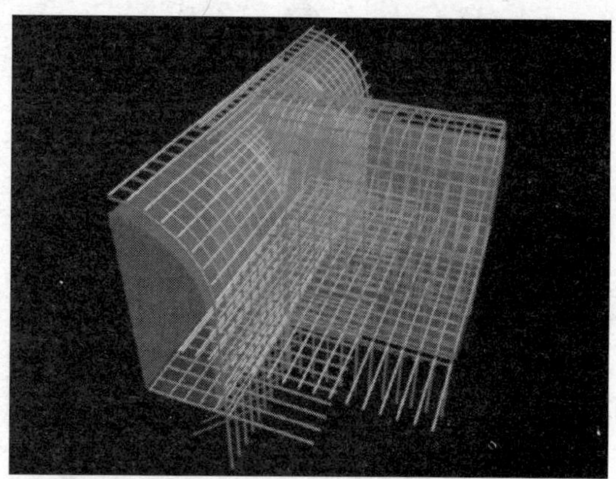

图 8-5　ArchDam 程序截图

ArchDam 由以下几部分组成：

(1) 文件管理模块：本系统采用单一项目的文件管理，对每一个项目的数据信息、模型信息、图纸信息进行统一管理。主要功能包括负责对项目文件新建、打开、保存、另存为、关闭及退出操作。以及对项目信息进行引入、导出操作。

(2) 模型设计模块：系统模型设计功能也就是建模功能是系统的核心，是详图设计功能的基础。模型设计功能采用统一的建模思想，统一的数据管理方法，以及统一的建模流程。主要包括几大部件模型设计功能，坝体三维实体模型设计功能、泄水建筑物三维实体模型设计功能、廊道及交通系统三维实体模型设计功能、接缝灌浆系统三维实体模型设计功能、廊道配筋系统三维实体模型设计功能。

(3) 图形输出模块：根据三维实体模型及模型设计信息，进行三维模型到二维工程图的输出功能。具体包括坝段高程体型图、接缝灌浆图、廊道配筋图以及表孔体型图。

(4) 拱梁法计算模块：提供拱坝结构计算拱梁法设计功能。

(5) UCS 与取点模块：提供拱坝设计任意空间点获得功能以及拱坝设计任意 UCS 定

位功能。同时显示查询点及 UCS 功能。

(6) 模型查询模块：待开发内容，提供一些二维图形的查询以及特征坐标点的查询功能。

(7) 模型辅助设计模块：提供合适的工具，方便进行拱坝三维可视化 CAD 设计，包括选择模型方便，任意实体的位置操作等功能。

8.2.7 SteelGate

SteelGate 是由 Auspic 公司研究开发的三维设计软件，是国内第一套在 Autodesk Inventor 平台下的钢闸门全套设计计算分析制图软件，拥有完全自主知识产权。Autodesk Inventor 三维软件平台可为钢闸门设计提供如下的解决方案：其操作界面截图如图 8-6 所示。

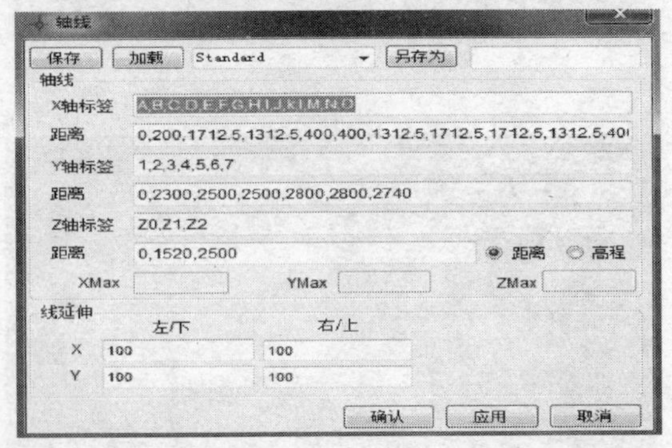

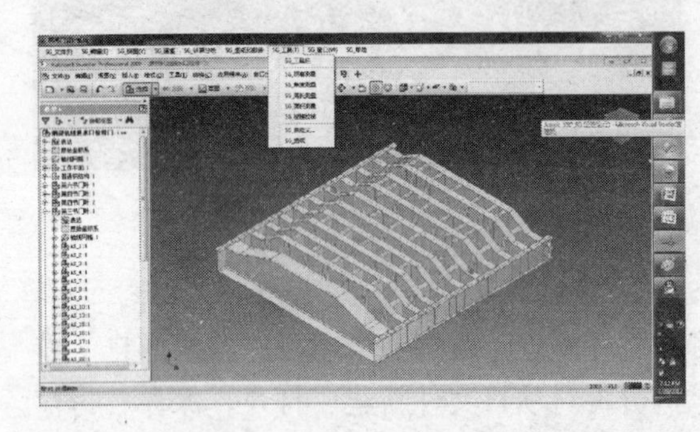

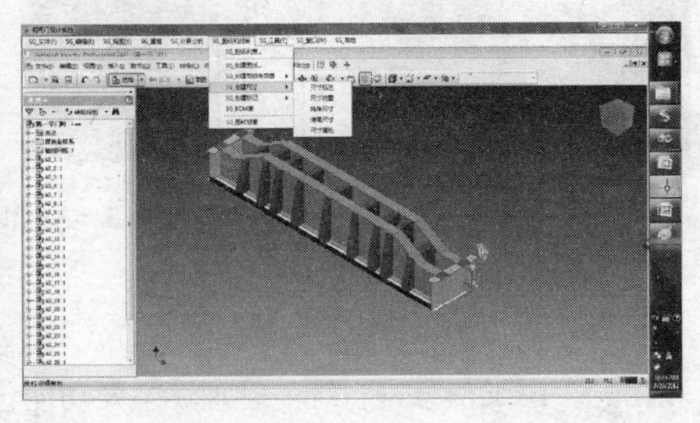

图 8-6　SteelGate 程序截图

(1) 在 Autodesk Inventor 上集成钢闸门的参数化构造

SteelGate 提供了骨架设计的功能，通过改变骨架参数驱动三维模型的改变，可以轻松完成整个三维模型的再生，提高了模型的利用率。

(2) 在 Autodesk Inventor 上集成标准库、截面库等可快速完成钢闸门的建模

钢闸门的主要构件是钢板。通过 API 函数可以在 Autodesk Inventor 上集成标准库、截面库，设计人员只需轻松的点击即可快速生成所需的三维模型和工程图纸，这就大大减少了设计人员的体力劳动，设计人员只需把主要精力放在设计上即可。

(3) 在 Autodesk Inventor 上集成钢闸门一体化的设计模式

通过 Autodesk Inventor 提供的 API 函数可集成计算模型、骨架模型、实体模型、工

程图、设计文档的全信息处理模式，所有的改变自动全关联，用户只需查看项目管理即可了解整个设计的变迁过程。

（4）在 Autodesk Inventor 上与 AutoCAD 无缝连接

Autodesk Inventor 工程图模块提供与 AutoCAD DWG、DXF、DWF 等文件格式的无缝集成接口，可通过 API 函数直接进行全信息转化，直接达到打印的效果。

8.2.8 其他

国内的钢结构详图设计软件还有 STXT、3D3S 等。

1. 3D3S

3D3S 至今已开发到 3.5 版本，是国内最重要的（轻）钢结构设计软件。其主要特点是：

（1）这是一套高度集成化的软件。除可进行钢结构一般结构的分析计算外，对于门式刚架、桁架、框架、塔架及钢屋架、吊车梁等都具有快速建模的功能，尤其对门式刚架结构建模十分迅速便捷。其特有的满应力优化模块，在运算时可以对门式刚架进行反复迭代、计算，以确定最佳的截面。目前，就门式刚架而言，在钢结构分析方面，已于国外的软件达到基本相当的水平。

（2）秉承 WIN 98 的优势环境，人机交互式数据输入输出，使得操作简单明了，同时，与 AutoCAD 完全接口，许多命令与 AutoCAD 命令类似，为中国工程师所熟习；对数据的修改、施工图的生成等，亦符合中国工程师的习惯，简单明确、易于掌握。

（3）该套软件后处理功能也比较完善。除可以自动生成计算报告（如位移报告、内力报告、节点设计报告、反力报告等）外，还可以生成一系列施工图、节点图、材料表和报价分析报告等，更能快速生成结构的空间骨架效果图、各平面结构布置图。

3D3S 是一套集各种钢结构空间杆系的设计软件，但目前用户更看好他的对于轻钢结构的设计计算，因此，从某种意义上说，他更是一套轻钢结构的设计软件。

2. STXT

PKPM 钢结构详图设计软件 STXT 可以采用人机交互的方式建立实际结构的三维模型，包括主要构件（梁、柱、支撑等）和细部连接零件（螺栓、焊缝、连接板、加劲肋等），所有构件和连接零件采用了和真实结构相同的实体模型来表示，要绘制的施工图（构件施工详图、零件下料图、安装节点图、平面布置图、立面布置图、零件清单等）都可以由三维模型自动生成；可以产生用于数控机床加工的零件图纸。

新版软件具有以下特点：

（1）真实的三维模型。采用人机交互方法，建立结构三维模型，包括了所有主要梁柱支撑构件、次结构、连接板、加劲肋、螺栓、焊缝等信息，可以采用 OpenGL 三维实体方式查看模型，检查是否合理、是否碰撞等问题。真实的三维模型不但表示了结构实际情况，而且是所有施工图自动生成的基础，保证了模型和图纸的一致性。

（2）主体结构建模。对于多高层框架结构，采用和设计软件相同的逐层输入方法建立结构主体模型；对于工业厂房结构，采用立面逐榀输入方法建立结构主体模型；对于轻钢门式刚架结构，开发了专业的屋面墙面设计程序，快速布置围护结构构件。在详图设计模块中，还可以对构件布置角度、偏心、错层数据进行编辑修改。

(3) 细部连接的建模有3个方法：

① 自动设计生成。对于常用连接（梁柱连接、主次梁连接、柱脚、支撑连接等），只要选择连接方式，输入设计内力，软件可以自动计算连接板、焊缝、螺栓，自动生成连接数据。

② 对话框快速创建。对于250多种连接形式（梁柱连接、主次梁连接、柱脚、支撑连接等），提供了快速输入对话框，可以根据设计图，交互输入连接板、焊缝、螺栓，生成连接数据。

③ 自定义创建。对于复杂连接，以及软件不能快速创建的连接，或者软件提供的连接类型不满足要求时，用户可以根据软件提供的自定义创建连接功能（设置工作平面，构件结合、构件切割、创建连接板、焊缝、螺栓群、零件编辑等），创建任意复杂的连接数据。

(4) 提供的连接创建、复制、编辑功能高效快捷，在连接创建过程中可以进行图纸查看、节点三维模型查看、碰撞检查等。

(5) 根据三维模型，可以自动绘制平面布置图、立面布置图、构件详图、零件下料图、安装节点图、零件清单等图纸及资料。

(6) 提供了与PKPM结构设计软件的接口：可以直接读取PKPM结构设计软件的模型数据、三维分析内力结果，自动进行连接设计与详图设计；也可以直接接口PKPM钢结构设计软件STS的连接设计结果进行详图设计。

3. Auspic _ DDD

Auspic _ DDD软件包是一个工作在AutoCAD环境下的钢结构工程连接设计和详图绘制软件系统，它可以广泛地应用在工民建、水工结构、桥梁、隧道等领域的钢结构工程之中，可以实时产生三维实体模型，可以迅速准确地将钢结构构件在三维空间的位置，连接形式，焊接方式及各种特殊的处理实时地显示出来，并可自动地提供钢结构材料预算表，锚固螺栓布置图和细部详图，整体及局部安装图（平面图和立面图），结构件的标准图和所有梁、柱制作详图和列表图。"DDD"是一个很容易操作的软件，它无需特别的要求和训练，具有不同专业背景的人士均可在很短的时间内掌握和应用。和世界上最流行的钢结构详图软件"X-STEEL"、"Design-Data (SDS2)"及"STRUCAD"相比，DDD除综合了这些软件的优点于一身之外，更有其独特的数据结构和计算模式，是一个当之无愧的首选详图软件。

9　钢结构工程详图设计实例参考——某钢结构桥梁结构设计详图

1. 工程概况

该钢结构桥梁建设地区地质条件复杂。峡谷两岸地势陡峭，地形变化急剧，起伏很大，峡谷宽约 2000 m，深切达 600m。该地区岩溶高度发育、张节理和溶蚀裂隙对岩体完整性均有影响。

2. 分析和出图软件

AutoCAD、Inventor、EXCEL 等。

3. 详图设计思路及典型的图纸

该大桥为主跨 1088m 的单跨简支钢桁加劲梁悬索桥，主缆分跨为 248m＋1088m＋228m，主缆矢跨比为 1/10.3，主缆横桥向间距为 28.0m，吊索顺桥向间距为 10.8m（图 9-1 及图 9-2）。钢桁架加劲梁在梁端的约束情况为：在主桁架端竖腹杆下面各设置一个竖向支座，全桥共计 4 个；在梁端主横桁架上横梁及下横梁两端对应主桁上、下弦杆的外侧各设一个横向抗风支座，全桥共计 8 个。在主跨跨中处，主缆与钢桁架之间设置 3 对柔性中央扣。

钢桁架由主桁架、主横桁架和上、下平联组成，主桁架采用了整体节点技术。主桁架为带竖腹杆的华伦式结构，该结构由上弦杆、下弦杆、竖腹杆和斜腹杆组成（图 9-3）。主桁架的桁高为 10m，标准节间长为 10.8m，两片主桁架左右弦杆中心间距与主缆间距相同，为 28m。

在该桥梁设计详图中需要重点考虑的是：(1) 该钢桁加劲梁采用从两侧索塔向跨中架设的方案。主桁架的端节间作为第 1 个架设节段，然后每 2 个节间作为一个架设节段，全桥共设置 51 个架设节段（分为 53 种类型），其中跨中节段作为合拢段，主桁架的各节段均采用平面构架法拼装；(2) 钢桁加劲梁的立面成桥线形为凸形竖曲线；(3) 主桁架的上、下弦杆设置了整体节点板，竖腹杆和斜腹杆通过整体节点板与上、下弦杆连接。主桁架的弦杆与主横桁架的横梁、平联之间通过焊接节点板连接。(4) 正交异形钢桥面板在两端每 10 个节段作为一联，在跨中区域每 20 个节段作为一联，全桥共设置为 6 联，每两联之间设置一道伸缩缝，伸缩缝宽 40cm。

同时，在进行详图设计的过程中，通过建立该钢结构桥梁的三维虚拟现实模型，以及工程动画，对整个项目的全过程进行预演。以及在建模和出图时认真操作，严格把关，保证模型和图纸的准确性。

本节选用有代表性的上弦杆 ZS3 杆进行设计深化，图 9-4～图 9-6 为该上弦杆 ZS3 杆的部分深化图纸。

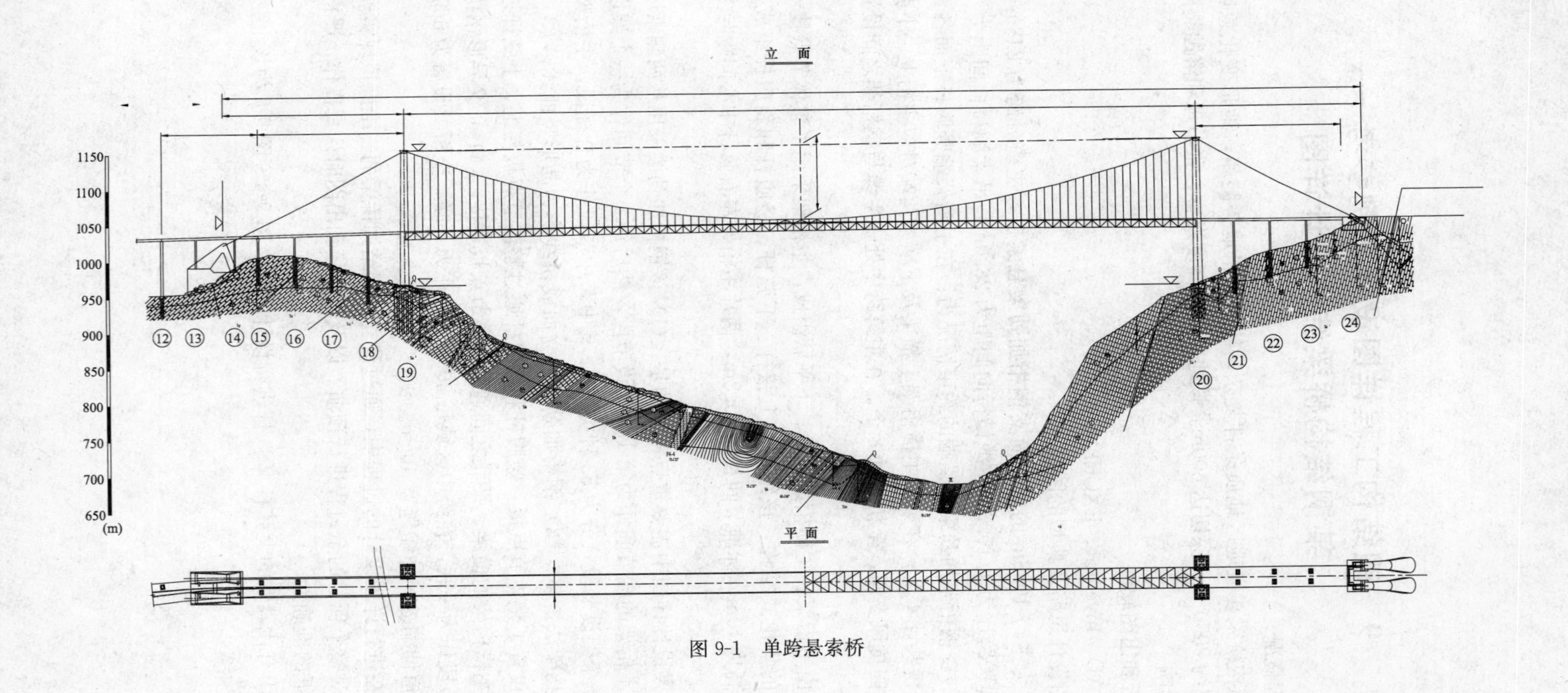
立面
1150
1100
1050
1000
950
900
850
800
750
700
650
(m)
⑫ ⑬ ⑭ ⑮ ⑯ ⑰ ⑱ ⑲ ⑳ ㉑ ㉒ ㉓ ㉔
平面

图 9-1 单跨悬索桥

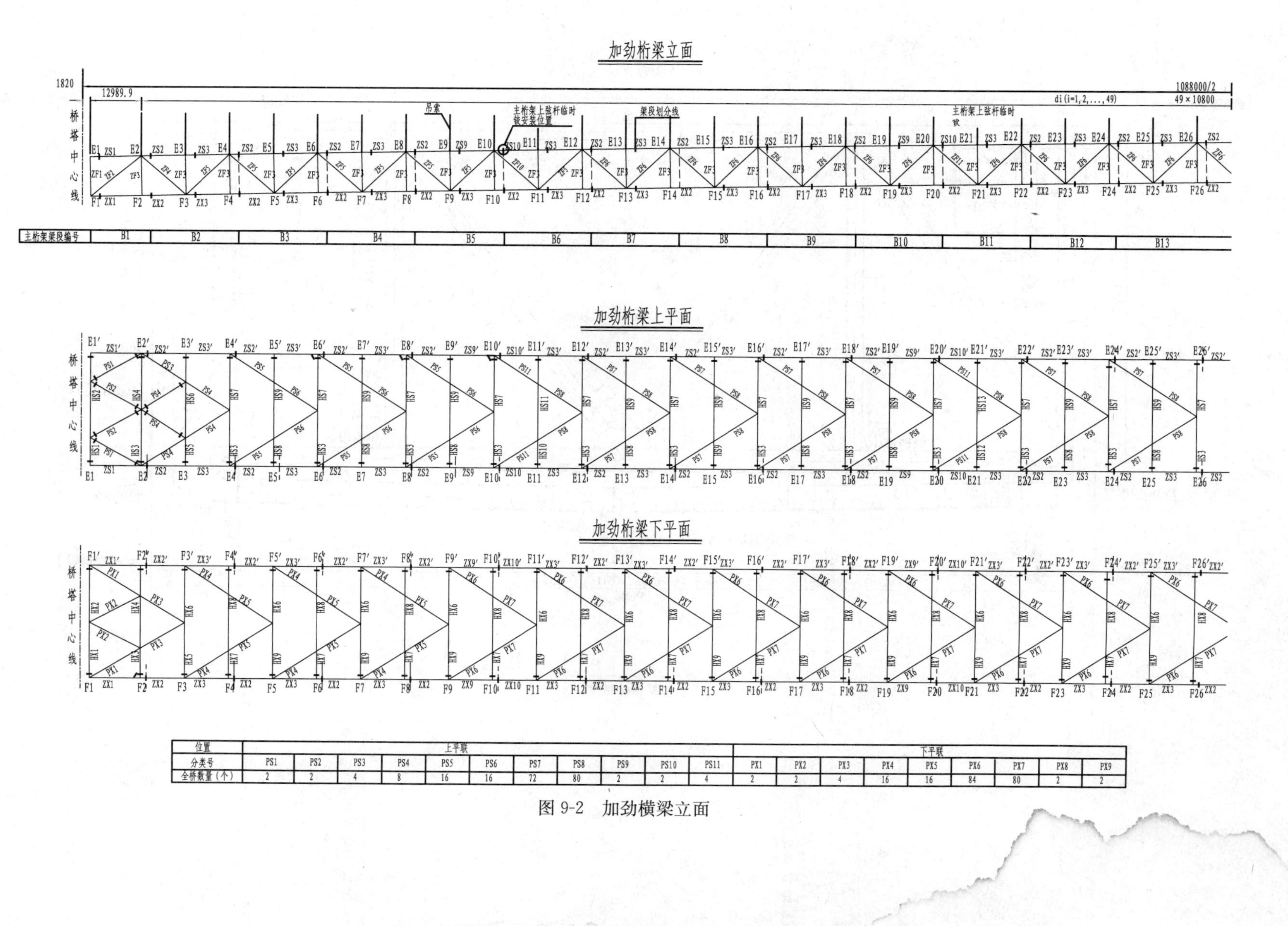

位置	上平联											下平联								
分类号	PS1	PS2	PS3	PS4	PS5	PS6	PS7	PS8	PS9	PS10	PS11	PX1	PX2	PX3	PX4	PX5	PX6	PX7	PX8	PX9
全桥数量（个）	2	2	4	8	16	16	72	80	2	2	4	2	2	4	16	16	84	80	2	2

图 9-2　加劲横梁立面

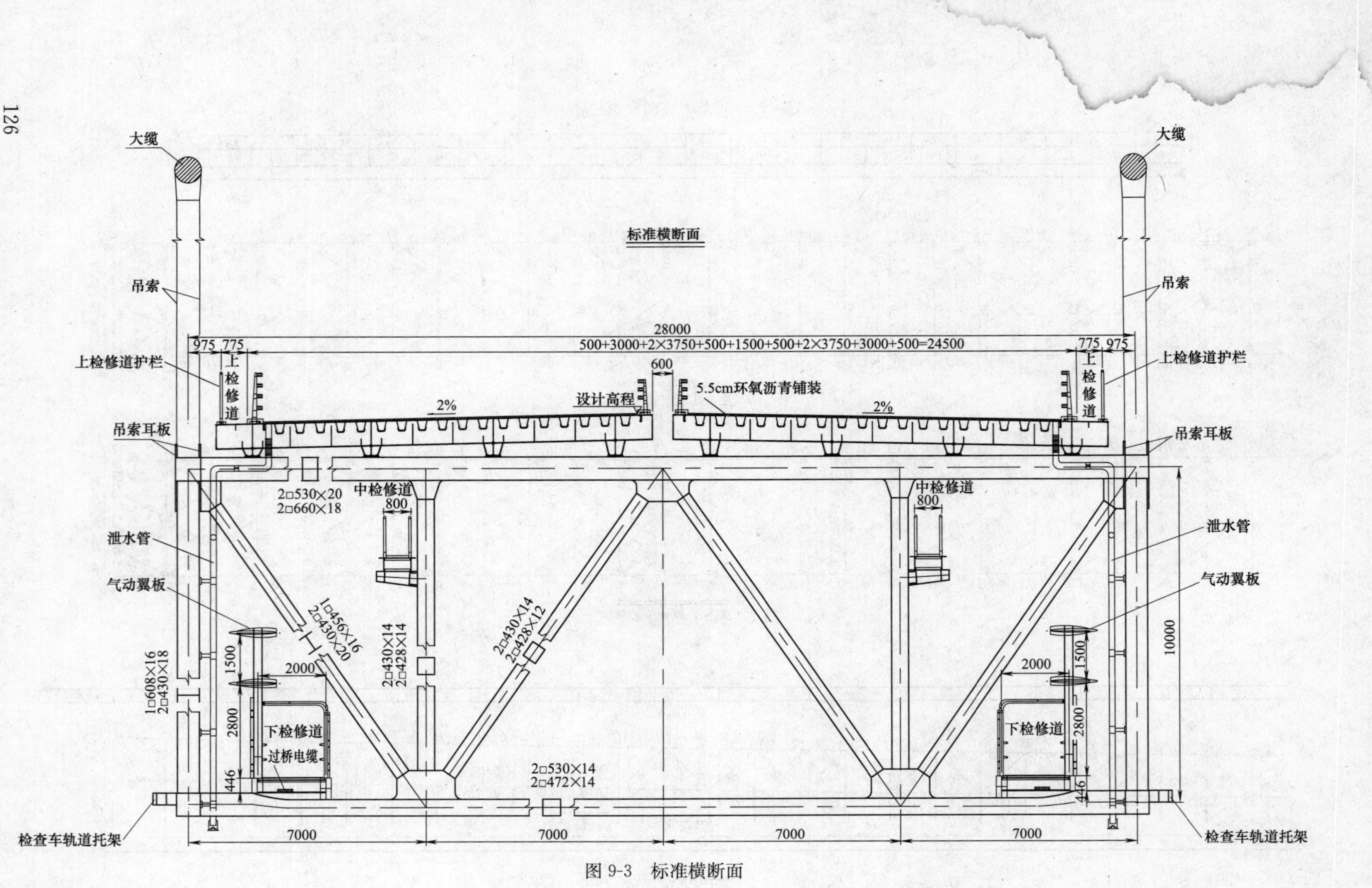

大缆
大缆
标准横断面
吊索
吊索
28000
975 775
500+3000+2×3750+500+1500+500+2×3750+3000+500=24500
775 975
上检修道护栏
上检修道
600
5.5cm环氧沥青铺装
设计高程
2%
2%
上检修道
上检修道护栏
吊索耳板
吊索耳板
2□530×20
2□660×18
中检修道
800
中检修道
800
泄水管
泄水管
气动翼板
气动翼板
1□456×16
2□430×20
2□430×14
2□428×14
2□430×14
2□428×12
10000
1500
2000
2000
1500
1□608×16
2□430×18
2800
下检修道
过桥电缆
2□530×14
2□472×14
下检修道
2800
446
446
检查车轨道托架
检查车轨道托架
7000
7000
7000
7000

图 9-3 标准横断面

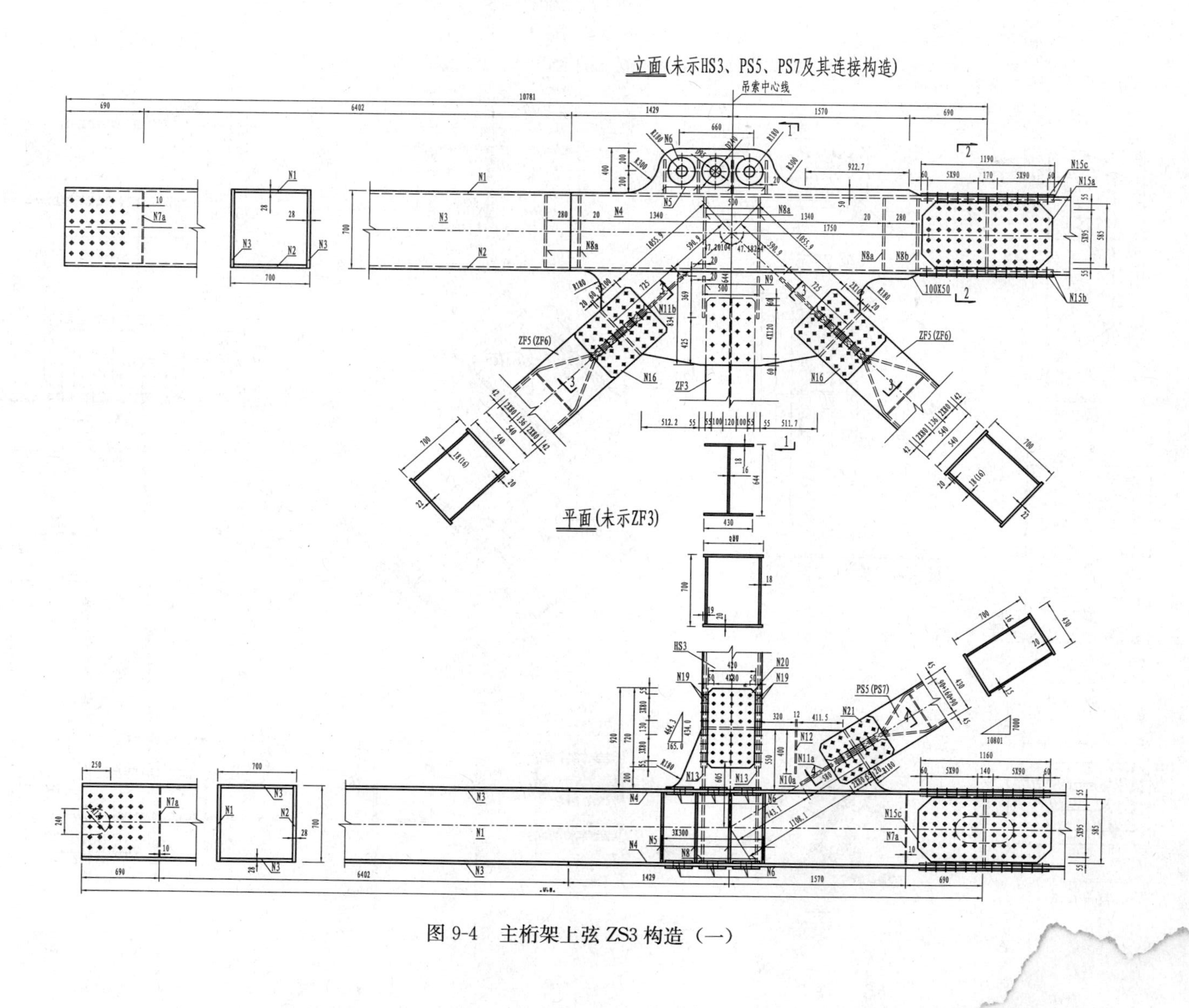

图 9-4　主桁架上弦 ZS3 构造（一）

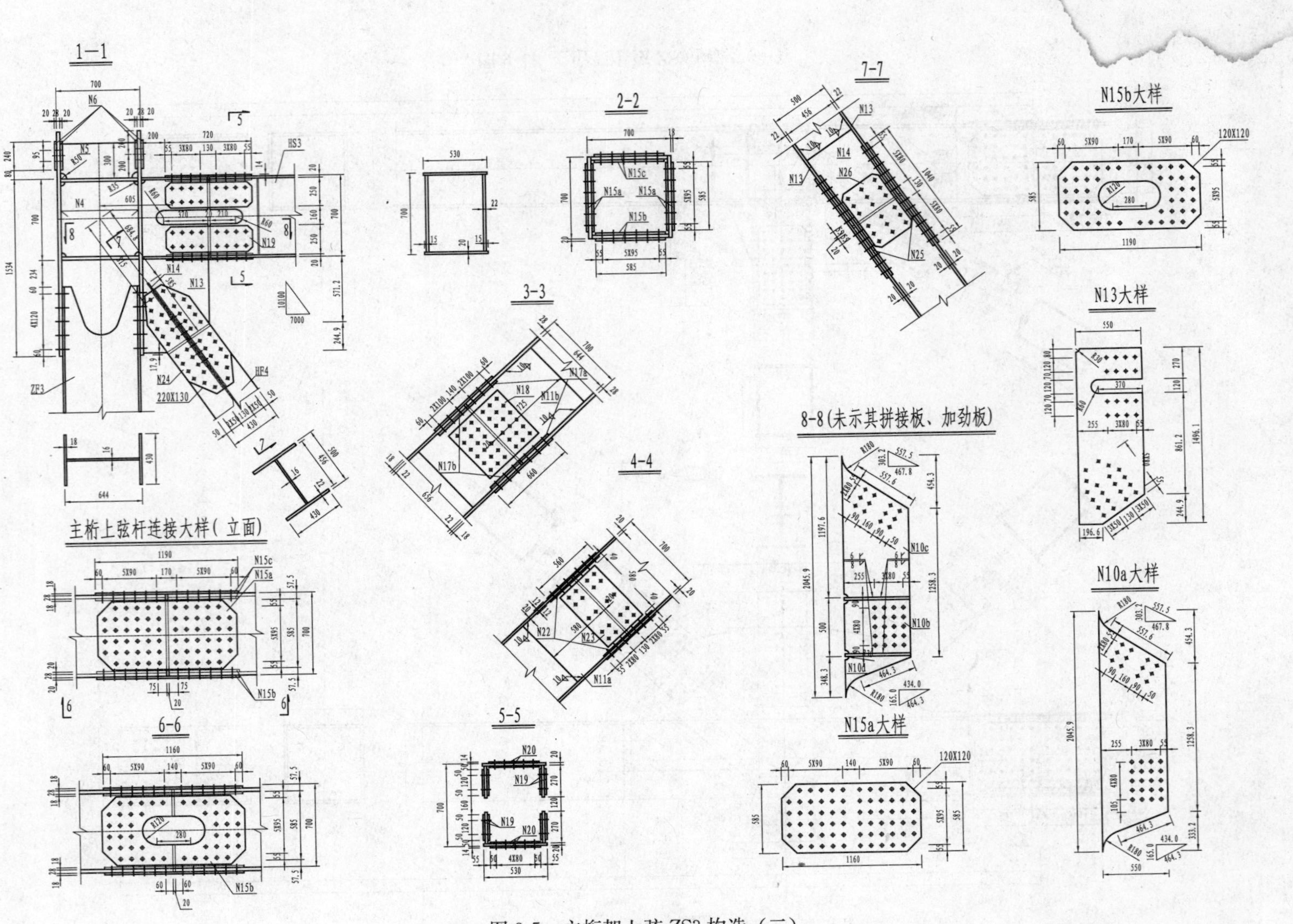

图 9-5　主桁架上弦 ZS3 构造（二）

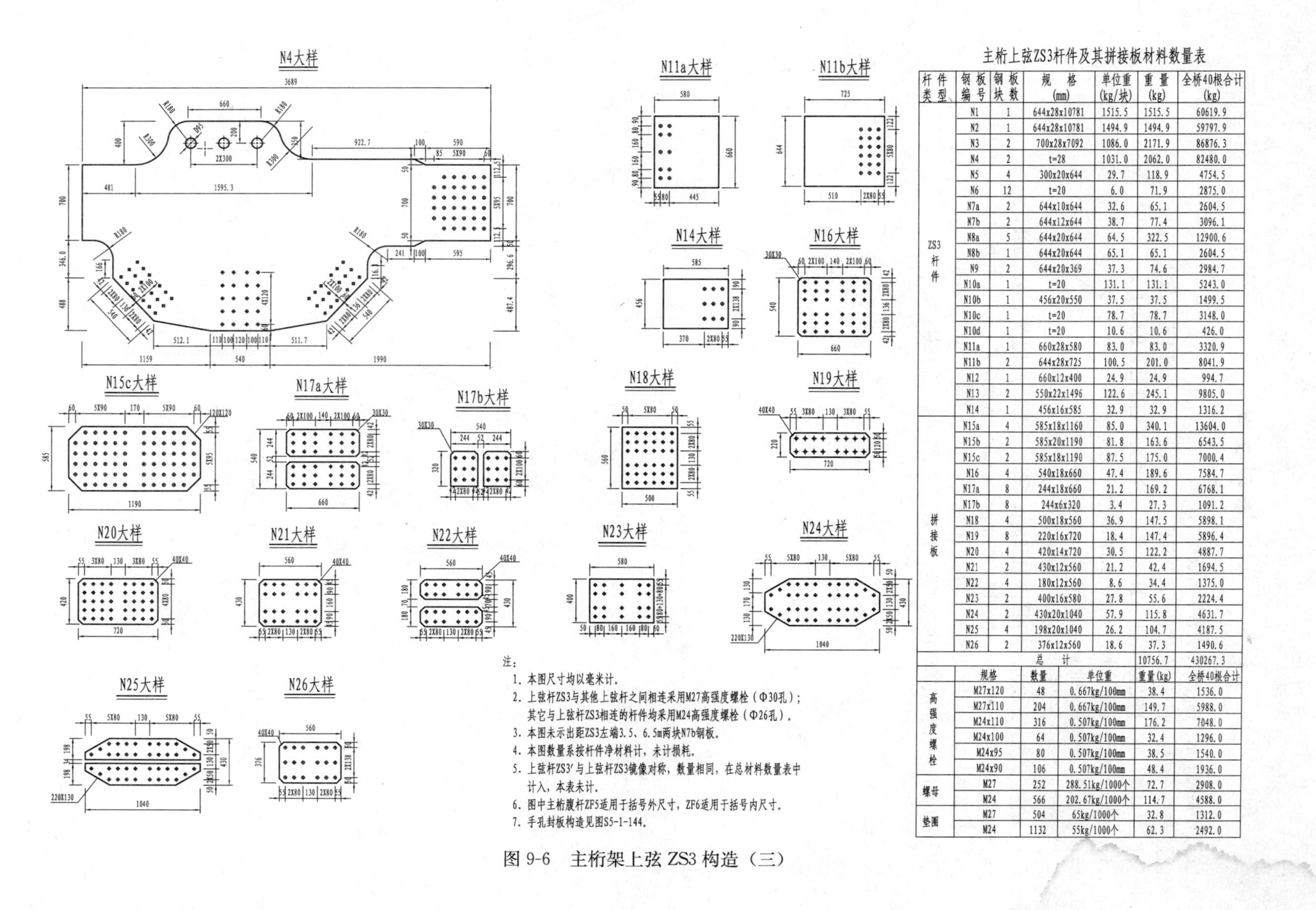

主桁上弦ZS3杆件及其拼接板材料数量表

杆件类型	钢板编号	钢板块数	规格(mm)	单位重(kg/块)	重量(kg)	全桥40根合计(kg)
ZS3杆件	N1	1	644x28x10781	1515.5	1515.5	60619.9
	N2	1	644x28x10781	1494.9	1494.9	59797.9
	N3	2	700x28x7092	1086.0	2171.9	86876.3
	N4	2	t=28	1031.0	2062.0	82480.0
	N5	4	300x20x644	29.7	118.9	4754.5
	N6	12	t=20	6.0	71.9	2875.0
	N7a	2	644x10x644	32.6	65.1	2604.5
	N7b	2	644x12x644	38.7	77.4	3096.1
	N8a	5	644x20x644	64.5	322.5	12900.6
	N8b	1	644x20x644	65.1	65.1	2604.5
	N9	2	644x20x369	37.3	74.6	2984.7
	N10a	1	t=20	131.1	131.1	5243.0
	N10b	1	456x20x550	37.5	37.5	1499.5
	N10c	1	t=20	78.7	78.7	3148.0
	N10d	1	t=20	10.6	10.6	426.0
	N11a	1	660x28x580	83.0	83.0	3320.9
	N11b	2	644x28x725	100.5	201.0	8041.9
	N12	1	660x12x400	24.9	24.9	994.7
	N13	2	550x22x1496	122.6	245.1	9805.0
	N14	1	456x16x585	32.9	32.9	1316.2
拼接板	N15a	4	585x18x1160	85.0	340.1	13604.0
	N15b	2	585x20x1190	81.8	163.6	6543.5
	N15c	2	585x18x1190	87.5	175.0	7000.4
	N16	4	540x18x660	47.4	189.6	7584.7
	N17a	8	244x18x660	21.2	169.2	6768.1
	N17b	8	244x6x320	3.4	27.3	1091.2
	N18	4	500x18x560	36.9	147.5	5898.1
	N19	8	220x16x720	18.4	147.4	5896.4
	N20	4	420x14x720	30.5	122.2	4887.7
	N21	2	430x12x560	21.2	42.4	1694.5
	N22	4	180x12x560	8.6	34.4	1375.0
	N23	2	400x16x580	27.8	55.6	2224.4
	N24	2	430x20x1040	57.9	115.8	4631.7
	N25	4	198x20x1040	26.2	104.7	4187.5
	N26	2	376x12x560	18.6	37.3	1490.6
总计					10756.7	430267.3

	规格	数量	单位重	重量(kg)	全桥40根合计
高强度螺栓	M27x120	48	0.667kg/100mm	38.4	1536.0
	M27x110	204	0.667kg/100mm	149.7	5988.0
	M24x110	316	0.507kg/100mm	176.2	7048.0
	M24x100	64	0.507kg/100mm	32.4	1296.0
	M24x95	80	0.507kg/100mm	38.5	1540.0
	M24x90	106	0.507kg/100mm	48.4	1936.0
螺母	M27	252	288.51kg/1000个	72.7	2908.0
	M24	566	202.67kg/1000个	114.7	4588.0
垫圈	M27	504	65kg/1000个	32.8	1312.0
	M24	1132	55kg/1000个	62.3	2492.0

注：

1. 本图尺寸均以毫米计。
2. 上弦杆ZS3与其他上弦杆之间相连采用M27高强度螺栓（Φ30孔）；其它与上弦杆ZS3相连的杆件均采用M24高强度螺栓（Φ26孔）。
3. 本图未示出距ZS3左端3.5、6.5m两块N7b钢板。
4. 本图数量系按杆件净材料计，未计损耗。
5. 上弦杆ZS3′与上弦杆ZS3镜像对称，数量相同，在总材料数量表中计入，本表未计。
6. 图中主桁腹杆ZF5适用于括号外尺寸，ZF6适用于括号内尺寸。
7. 手孔封板构造见图S5-1-144。

图 9-6　主桁架上弦 ZS3 构造（三）

参考文献

[1] 李洪歧. 钢结构. 北京：科学出版社，2002.

[2] 魏群. 结构工程可视化仿真方法及其应用. 北京：中国建筑工业出版社，2010.

[3] 王国周，等. 钢结构-原理与设计. 北京：清华大学出版社，1993.

[4] 丁阳. 钢结构设计原理. 天津：天津大学出版社，2004.

[5] 苏明周. 钢结构. 北京：中国建筑工业出版社，2003.

[6] 梁启智，等. 钢结构. 广州：华南理工大学出版社，1988.

[7] 魏群，吴勇，彭成山. 常用起重机械速查手册. 北京：中国建筑工业出版社，2009.

[8] 魏群，刘尚蔚，魏鲁杰，袁志刚. 常用钢材与紧固件速查手册. 北京：中国建筑工业出版社，2010.

[9] 乐嘉龙，等. 钢结构建筑施工图读图技法. 合肥：安徽科学技术出版社，2006.

[10] 王全凤. 快速识读钢结构施工图. 福州：福建科学技术出版社，2004.